과학 선생님이 읽어 주는

기후변화 보고서

과학 선생님이 읽어 주는 기후변화 보고서

IPCC 보고서의 자주 묻는 질문으로 시작하는 기후 행동 첫걸음

초판 1쇄 발행 2025년 2월 15일

지은이	김추령
펴낸이	이영선
책임편집	이현정
교정교열	안주영
편집	이일규 김선정 김문정 김종훈 이민재 이현정
디자인	김회량 위수연
독자본부	김일신 손미경 정혜영 김연수 김민수 박정래 김인환

펴낸곳 서해문집 | 출판등록 1989년 3월 16일(제406-2005-000047호)
주소 경기도 파주시 광인사길 217(파주출판도시)
전화 (031)955-7470 | 팩스 (031)955-7469
홈페이지 www.booksea.co.kr | 이메일 shmj21@hanmail.net

ISBN 979-11-94413-20-2 43450

과학 선생님이 읽어 주는

기후변화 보고서

김추령 지음

IPCC 보고서의
자주 묻는 질문으로
시작하는 기후 행동 첫걸음

서해문집

차례

01
인류가 맞이한
절호의 기회

건물의 탄소배출을 줄이면 어떤 점이 좋은가요? 줄이는 과정에서 우리가
감수해야 할 것들은 무엇인가요?

제3실무그룹 FAQ 9.2

바꿔야죠! 타고 싣고 다니는 교통수단을 · 65

운송 수단을 전기차로 바꾸는 것이 중요한가요? 배터리를 만드는 광물을
공급하는 데 문제는 없나요?

제3실무그룹 FAQ 10.1

대형 운송 수단(장거리를 이동하는 트럭, 선박, 항공기)의 탄소배출을 줄이는 것은
어려운가요?

제3실무그룹 FAQ 10.2

바꿔야죠! 상품을 만들고 파는 산업을 · 72

산업 부문의 탄소배출을 줄일 수 있는 중요한 방법에는 어떤 것들이 있나요?

제3실무그룹 FAQ 11.1

산업 부문에서 탄소배출을 줄이려면 비용이 많이 들지 않나요? 지속가능한
발전이 가능할까요?

제3실무그룹 FAQ 11.2

화석연료와 불평등을 줄이는 똑똑한 세금과 제도가 필요해요 · 79

02
타오르는 불씨들:
뻔한 이야기에 대한 최신 과학의 답변

03
지금 우리는 어떤 상황에 놓여 있을까?

04
위기지만, 길이 있습니다

프롤로그

정색을 하고 이 말부터 꼭 해야겠습니다.

"미안합니다. 정말 미안합니다. 생각이 너무 짧았습니다."

내가 태어난 순간부터 '기후위기' '6번째 대멸종' 등 세상에 온갖 사이렌이 울리는 상황이라면 정말 억울했을 듯합니다. 그래서 이 책의 시작은 분명한 사과여야 한다고 생각했습니다.

하지만 또 분명하게 이야기하고 싶은 것은 그래서 희망과 변화입니다. 과학적 근거를 가지고 지금 무엇을 바꿔야 하는지, 그 변화가 만들 세상은 어떤 모습일지 이 책을 통해 700여 명이 넘는 전문가의 목소리를 전달하려고 합니다. 이들은 '인류의 교과서, 인류 생존 가이드'라고 불리는 보고서 저자입니다.

이 보고서는 5~7년 간격으로 IPCC(기후변화에 관한 정부 간 협의체) 3개의 '실무그룹(Working Group)'에서 기후변화에 관한 연구 결과들을 평가하고 종합해서 발행하는 것입니다. 첫 번째 보고서는 1990년에 발행되었고, 이를 근거로 1992년 유엔기후변화협약이 체결되었습니다. 2021년부터 6번째 보고서(제6차 평가 보고서)가 각 실무그룹별로 차례로 발표되었고, 2023년에 최종적으로 종합 보고서가 발표되었습니다. 여기 실린 희망과 변화에 대한 700여 명 전문가들의 목소리를 사이렌 소리에 귀가 먹먹한 이들에게 전달하려고 합니다.

인류의 교과서, 인류 생존 가이드

보고서에 실린 주제는 다양하고 규모도 굉장합니다. 심지어 3개의 실무그룹에서 펴낸 보고서를 합하면 1만 페이지가 넘습니다. 어떤 대기 과학자는 이를 두고 이렇게 말했습니다. "이 보고서는 광산이다." 그런데 문제는 광산에 있는 원석은 탐사하고 캐내야 한다는 것입니다. 거기에서 끝나는 것이 아니라 제련을 해야 원하는 목적에 맞게 활용할 수 있는 상태가 됩니다. 쉽지 않은 일입니다.

그래서 IPCC는 요약본을 제공하고 있습니다. 마치 시험 때 전해 내려오는 족보처럼 핵심만 모은 〈정책 결정자를 위한 요약본(SPM)〉입니다. 하지만 요약본은 요약본일 뿐입니다. 게다가 이 40여 페이지의 요약본은 기후협약에 참가하는 모든 국가 대표와 관련 기관이 모여 한 줄씩 읽어 가며 동의를 구해 작성합니다. 만장

일치를 원칙으로 하기 때문에 합의하지 못하면 수정해야 합니다. 아무리 핵심적인 내용이라도 전원의 동의를 얻지 못하면 요약본에는 실릴 수 없답니다.

이 요약본을 만들기 위해 135개국에서 온 650명 이상의 사람들과 참관 단체들이 2023년 3월 13~19일까지 밤을 새워 가며 회의했습니다. 이들은 지구 평균 온도 변화를 1.09도로 할 것인지 반올림해 1.1도로 할 것인지, 온실가스인 이산화탄소와 메탄을 열거할 때 '이산화탄소와 메탄'으로 할 것인지 '이산화탄소 그리고 다음 메탄'으로 할 것인지, 이산화탄소 제거(CDR) 기술의 위험을 강조할 것인지 필요성을 강조할 것인지 등에 관해 논의했습니다.

이처럼 사소해 보이는 것 같지만 북반구 국가와 남반구 국가 간의 신경전, 각 국가가 처한 상황에서 중요할 수밖에 없는 사항이 한 개의 단어, 미묘한 뉘앙스 등으로 40여 페이지에 담겨 있습니다. 그러니 어떤 데이터와 연구를 근거로 그런 결론이 나왔는지, 그 맥락은 무엇인지, 또 다른 근거는 무엇인지 알고 싶으면 광산을 직접 뒤져 볼 수밖에 없겠죠.

각각의 보고서는 친절하지 않아요. 과장하거나 축소해서는 안되고 연구자들의 결과가 사실 그대로 들어가야 하는 관계로 복잡하기만 합니다. 아름다운 문장도, 적절한 비유도 눈을 씻고 찾아봐도 없어요. 어떤 종류의 광석인지 정확하게 짚어 낼 수 있는 근거를 제공하는, 끝없이 이어지는 괄호와 괄호 안의 출처. 인류의 교과서이자 인류 생존 가이드가 이렇게 아무나 읽기 어렵다면 곤란하겠죠.

그래서 모든 보고서의 각 장마다 자주 묻는 질문(FAQ)이 있습니다. 이 책에서는 FAQ를 중심으로 보고서 내용을 전달합니다. 자주 묻는 질문이니 핵심적인 내용이 주로 들어가 있죠. 질문에 대한 답이라 구체적이고, 비교적 읽기 쉽습니다. 하지만 보고서의 핵심을 또 한 번 요약한 셈이라 상당히 압축적이고, 한 줄 한 줄 사이에 많은 이야기가 숨어 있습니다. 그래서 잘 읽어 내야 합니다.

이 책에서는 독자에게 전달하고자 하는 이야기와 맥락이 연결되는 FAQ를 골랐습니다. 가능한 한 원문에 충실하게 번역했습니다. 일부는 쉽게 풀기 위해, 혹은 오개념을 방지하기 위해 전체 맥락을 훼손하지 않는 범위 안에서 내용을 수정하고 줄였습니다. 용어는 기상청에서 발행한 본 보고서의 번역본을 최대한 따랐습니다. FAQ 순서 또한 전달하고 싶은 이야기를 중심으로 헤친 뒤 다시 모았습니다. 필요한 경우 보고서 내용도 풀어서 사용했습니다.

이 책에 제시된 각종 데이터는 〈IPCC 제6차 평가 보고서〉에 나온 것을 인용했습니다. 보고서 발표 시점과 책의 출판 시기가 같

IPCC 공식 홈페이지
IPCC 기후변화 보고서

기상청 기후정보포털
IPCC 기후변화 보고서(국문)

지 않고, 보고서에서 검토한 연구 논문과 자료가 나온 시기도 달라 일부 데이터가 현재의 것과 다를 수 있습니다. 하지만 이 책의 목적이 〈IPCC 제6차 평가 보고서〉의 내용을 소개하는 것이어서 수정하지 않았습니다.

3개의 실무그룹은 어떻게 다른가요?

IPCC는 같은 고민을 다른 영역에서 하는 3개의 실무그룹을 두고 있습니다. 각 그룹은 기후변화의 '과학적 근거' '영향, 적응, 취약성' '기후변화 완화'를 주제로 보고서를 정리합니다.

제1실무그룹(WG I)은 '과학적 근거'와 관련된 최신 연구 논문을 검토해 2500여 페이지의 보고서를 발표했어요. 이 보고서에는 1만 3500편의 논문이 인용되었고요. 물론 검토한 논문 수는 훨씬 많겠죠. 직접 〈과학적 근거' 보고서〉 작성과 관련해 다양한 역할을 한 저자는 234명이지만, 인용된 논문의 저자를 모두 합하면 3만 9000여 명입니다. 그러니까 〈과학적 근거' 보고서〉는 전 세계 과학자 3만 9000여 명의 연구가 모인 것이라고 봐도 좋겠죠.

〈과학적 근거' 보고서〉는 기후변화가 어느 정도 진행되었는지, 기후 시스템에서 어떤 특징적인 현상이 일어나고 있는지, 지역별로 기후변화는 어느 정도 진행되고 있는지 등을 담고 있어요. 기후변화를 이해하려면 대기뿐만 아니라 빙하, 바다, 지표, 식물들의 분포가 서로 영향을 주며 변화하는 기후 시스템 전체에 대한 이해가 필요합니다.

그래서 제1실무그룹은 우선 과거 기후변화에 대한 자료를 조사합니다. 그런 후 이를 바탕으로 현재 기후 시스템에서 일어나는 변화를 조사하며 여러 현상의 원인을 찾아냅니다. 또 자연적인 원인과 사람이 일으킨 원인으로 미래 기후가 어떻게 변화할 것인지 컴퓨터 시뮬레이션 모델을 만들어 분석합니다.

반 정도가 물리, 화학, 환경 과학 분야와 관련된 주제이고 의학, 관광 사업 등 다양한 영역의 연구도 포함되어 있습니다. 최근에는 기후변화와 관련해 기존의 학문 영역을 넘어 통합하는 연구가 많이 등장하고 있습니다.

아, 그리고 저자는 모두 자원봉사자입니다. 이들은 별도의 급여를 받지 않습니다.

제2실무그룹(WG Ⅱ)의 〈'영향, 적응, 취약성' 보고서〉는 기상 및 극한 기후가 어떻게 자연과 인간 시스템의 대처 능력을 넘어서면서 영향을 줬고, 주고, 줄 것인지, 어떤 적응 방법이 필요한지 설명합니다.

기후변화에 적응한다는 것은 기후변화를 그냥 받아들이는 것처럼 오해하기 쉽습니다. 하지만 여기서 말하는 적응은 사회에서 필요한 부분을 변화시켜 기후위기에 대비한다는 의미예요. 보고서는 생태계별, 주요 문제별, 지리적 영역별로 어떤 대비를 시급하게 해야 하는지, 현재 상황은 어떤지, 잘된 사례로는 어떤 것이 있는지, 무엇을 유의해야 하는지 세세하게 정리하고 있습니다. 물론 분명한 근거를 가지고요.

270명이 3만 4000개가 넘는 논문을 인용해 보고서를 작성했습니다. 장이 25개나 되고 분량은 3000페이지가 넘습니다. 이 보고서의 핵심을 꼽으라면 '불평등'입니다. 기후변화는 전 세계 사람이나 환경에 같은 영향을 미치지 않습니다. 적응 능력이 부족한 사람은 가장 가난한 경우가 많겠죠. 그래서 보고서는 기후 정의가 중요하다고 이야기합니다.

또 다른 핵심은 '긴급성'입니다. '기후 위험이 더 빠르게 나타나고 있고 더 빨리 심각해지고 있다'는 것이죠. 가뭄이나 홍수 같은 물 관련 위험이 절반을 넘습니다. 기온이 올라갈수록 적응 방법은 효과가 떨어집니다. 1.5~2도 사이에서 급격하게 감소하고, 2도를 넘어서면 사회 시스템을 바꿔 적응해도 크게 효과가 없을 것이라고 합니다. 즉, 적응을 빠르고 긴급하게 실행해야 영향을 발휘할 수 있다고 말합니다.

또한 보고서는 지구의 기온 상승이 일시적으로 1.5도를 넘어서는 오버슈트Overshoot가 일어날 가능성이 크며, 탄력적 발전 전략이 중요하다고 강조합니다. 적응과 회복력을 위해서는 적절한 자금 조달이 필요하다는 내용도 담고 있습니다.

제3실무그룹(WG III)의 〈기후변화 완화' 보고서〉는 사회 전반에 걸쳐 온실가스 배출량을 줄이려는 완화 노력을 과학, 기술, 환경, 경제, 사회의 측면에서 평가하고, 각국 정부가 파리협정 목표(지구 평균 기온 상승을 산업화 이전 대비 2도 이하로 유지하고 기온 상승을 1.5도 이내로 제한하기 위해 노력한다)를 달성하고 배출량을 줄이려면 무엇이 필요한지 밝히고 있습니다. 278명의 저자가 1만 8000여 개의 논문을 인용해 보고서를 작성했습니다.

눈에 띄는 것은 2030년까지 전 세계 온실가스 배출량을 절반으로 줄일 방법을 모아 놓은 부분이에요. 저렴한 비용으로 배출량을 더 많이 줄일 수 있는 방법이 무엇인지 한눈에 볼 수 있도록 종합해서 정리했어요. 그러니까 탄소배출을 줄이는 기술이나 방법은 이미 있다는 것이죠. 괜찮은 삶(웰빙)은 경제 성장만을 전제로 하는 것이 아니라는 이야기와, 전기 자동차나 건물의 냉난방을 위한 히트 펌프같이 온실가스 배출이 적은 기술이 발전하는 현황을 소개하고 있습니다.

또 도시가 많은 배출량을 차지하는 이유와, 탄소배출을 줄이기 위해 도시의 리모델링이 필요하다는 것을 이야기합니다. 철강, 시멘트, 플라스틱을 포함한 석유 화학 제품 등 에너지를 과도하게 사용하는 산업 부문에서는 원료부터 가공, 생산, 소비 등 산업 전반에 걸쳐 탄소배출을 줄이는 관리가 필요하다고 설명합니다.

현재 소비 수준의 불평등을 인정하고, 초과 소비를 제한하고, 경제 영역에서 국내총생산(GDP)이 아닌 괜찮은 삶에 초점을 맞추

는 것이 기후변화 완화를 도울 수 있다고도 밝히고 있습니다. 1.5
도가 넘는 오버슈트 기간을 최소화하기 위해서는 대기 중에서 이
산화탄소를 직접 제거하는 방법도 일부 필요하고 소비자들의 행
동 변화도 중요할 것이라며, 구체적인 방법을 이모저모 설명하고
있어요.

8억 8000만 명이 넘는 사람이 집이 아닌 곳에서 살고 있으며,
기후변화 위험에 탄력적으로 대응하고 빠르게 회복하기 위해서
는 비공식 거주지와 부적절한 주택을 리모델링해야 한다고 강조
합니다. 세계 소득 상위 10%와 최상위 부유층의 배출량은 대폭적
인 감축이 가능하며, 감축해야 한다고도 쓰고 있어요. 이들은 각각
세계 탄소배출량의 37%와 15%를 차지하고 있거든요. 센서, 사물
인터넷, 로봇 공학 및 인공 지능은 에너지 관리를 개선하고 산업,
운송 및 건물의 에너지 효율성을 향상할 수 있다고 설명합니다.

무엇보다 반가운 것은 극심한 빈곤과 에너지 빈곤을 없애고
모든 사람에게 적절한 생활 수준을 제공하는 것이 전 세계적으로
심각한 탄소배출량 증가 없이도 가능하다는 이야기입니다.

인류가 맞이한

절호의 기회

01

왜 이번
10년이
중요할까요?

2023년 〈IPCC 제6차 평가 보고서〉의 종합 보고서가 세상에 처음

공식적으로 발표된 날, IPCC 이회성 의장은 "역사상 가장 중요한

순간입니다. 기후변화를 해결하기 위해 이번 10년 동안 신속하고

〈IPCC 제6차 평가 보고서〉 설명회
2023년 3월 20일 스위스 인터라켄에서 발표되었다.

지속적으로 배출 감소와 적응 조치를 서둘러야 합니다"라는 말로
소개를 시작했어요. 왜 10년이 중요하다고 한 것일까요?

여러 가지 이유가 있지만 그중 첫 번째 이유는 남은 탄소예산
이 10년을 채 못 버틸 것이라고 예측되기 때문입니다. 지금껏 해
오던 것처럼 배출한다면 말이죠.

탄소예산이 무엇인가요?

제1실무그룹 FAQ 5.4

탄소예산은 지구온난화를 1.5도 혹은 2도 상승으로 제한할
때 배출할 수 있는 잔여탄소배출총량을 말합니다.

지구온난화를 원하는 수준으로 유지하기 위해서는 지구
전체의 이산화탄소 배출량이 어느 시점에는 넷제로Net-Zero
가 되어야 합니다. '넷제로'란 이산화탄소 배출량이 대기에 새
롭게 쌓이지 않는 상태를 말합니다. 넷제로 상태에서 대기에
남아 있는 이산화탄소는 해양과 육지의 흡수원에 의해 흡수
됩니다. 그리고 장기적으로 대기 중 이산화탄소 농도는 점차
안정적인 수준으로 줄어들 것입니다.

탄소예산을 초과해 이산화탄소가 배출되면 더 심한 지구
온난화가 발생할 수 있습니다. 탄소예산은 목표를 어떻게 세
우는가에 따라 달라집니다. 지구온난화 정도를 산업화 이전

대비 1.5도나 2도 중 어떤 것으로 하느냐, 목표 온도를 유지할 수 있는 확률을 50%나 67% 또는 그 이상 중 얼마로 할 것이냐, 메탄·아산화질소 등 다른 온실가스 배출을 얼마나 성공적으로 감축할 수 있느냐 등에 따라 달라집니다.

각 선택 항목이 결정되면 그 목표를 달성하는 데 필요한 탄소예산을 계산하기 위해 '이미 진행된 온난화량+대기 중에 누적된 이산화탄소로 발생하는 온난화량+넷제로에 도달한 이후에도 일정 기간 진행될 것으로 예상되는 온난화량' 모두를 고려해야 합니다.

예를 들어 50% 확률로 지구온난화를 산업화 이전 시기와 대비해 1.5도로 제한한다면 2020년 1월 1일 이후 탄소예산은 5000억 톤 CO_2입니다. 67%의 확률로 지구온난화를 산업화 이전 시기와 대비해 1.5도로 제한한다면 탄소예산은 4000억 톤 CO_2로 계산됩니다.

인간 활동으로 배출된 이산화탄소는 지구 시스템의 여러 곳을 순환하며 해양, 육지 식생, 대기 같은 곳으로 분배됩니다. 해양이나 육지에 흡수되지 않고 대기 중에 남아 있는 이산화탄소 농도가 증가하면 지구온난화도 비례해 심해집니다.

1750~2019년까지 인간 활동에 의해 대기로 배출된 약 2만 5600억 톤의 이산화탄소 중에서 약 1/4은 해양에 의해, 약 1/3은 육지 식생에 의해 흡수되었으며, 전체 배출량의 약 45%는

대기 중에 남아 있는 것으로 판단하고 있습니다.°

그러니까 탄소예산이 4000억 톤인 경우 전 세계에서 한 해 400억 톤씩 탄소를 배출하면 10년 안에 잔여탄소배출총량인 4000억 톤 모두를 배출해 버리게 되죠. 그래서 인터라켄에서 10년을 강조한 것입니다. 탄소예산을 다 쓰기 전에 탄소중립에 도달해야 하니까요.

탄소중립과 넷제로의 차이점은 무엇인가요?
제3실무그룹 FAQ 1.3

전 지구적 규모 혹은 지역이나 국가 등에서 사용하는 넷제로와 탄소중립은 같은 개념입니다. 일부 혼동되는 이유는 다음과 같습니다.

첫째, 국가 단위가 아니라 기업, 상품 및 서비스 부문에서 배출권을 구입해 배출한 것을 없애는 계산 방식도 탄소중립이라고 하기 때문입니다. 물론 이 경우는 당연히 넷제로가 아닙니다. 기업 활동에서 배출하는 탄소량은 때로 기업이 직접 관리할 수 없는 영역의 배출량과 국가 영토를 넘어선 배출량도 포함해 계산합니다. 예를 들면 제품의 원재료가 생산될 때 발생한 탄소량이나 소비자가 구입한 제품을 사용하거나 폐기할 때 발생하는 탄소량 같은 것입니다.

둘째, 일부에서는 이산화탄소와 이산화탄소를 포함한 모든 온실가스 배출량을 종종 구분 없이 사용하기 때문입니다. 그렇지만 모든 온실가스를 사용할 경우 지구온난화에 미치는 영향력(주로 100년 기준)을 이산화탄소와 비교해 환산한 값으로 계산해야 합니다. (이런 값을 CO_2 환산배출량 혹은 CO_2 상당배출량이라고 하며, CO_2-eq 혹은 CO_2e라고 표현합니다.)

넷제로 배출은 어떻게 이룰 수 있나요? 넷제로가 되면 기후는 어떻게 달라지나요?

제3실무그룹 FAQ 3.2

지구온난화를 멈추려면 최소한 인간 활동으로 인해 대기에 추가로 이산화탄소가 쌓이지 말아야 합니다. 즉, 이산화탄소 배출이 넷제로가 되어야 합니다. 넷제로는 지구온난화를 안정화하기 위한 중요한 조건입니다. 이산화탄소 배출은 지구 기후에 큰 영향을 주기 때문입니다.

하지만 지구 기온을 올리는 온실가스가 이산화탄소만 있는 것은 아닙니다. 이산화탄소뿐 아니라 다른 온실가스 배출을 줄여 모든 온실가스가 넷제로가 된다면 온난화로 인한 최고 온도를 낮출 수 있습니다. 이산화탄소를 포함한 전체 온실가스의 넷제로가 달성되고 유지된다면 지구 온도는 점차 낮아질 것입니다.

가능한 한 모든 부분에서 배출 감축을 해야 하지만 모든 배출을 멈출 수는 없습니다. 지금 감축하기 어렵거나 감축 비용이 많이 드는 부분을 고려해 대기 중의 이산화탄소를 적극적으로 제거해야 합니다. 황폐한 숲을 복원하거나 새롭게 숲을 만드는 것, 바이오 에너지(발생하는 탄소는 포집함)와 같이 토지를 기반으로 한 탄소 제거를 활용할 수 있습니다. 우리가 사용하는 에너지를 줄이거나 식단을 변경하는 등의 수요 변화가 있으면 더 적은 이산화탄소 제거로도 온실가스 넷제로에 도달할 수 있습니다.

배출을 줄이는 것만으로 넷제로에 도달할 수 있다는 연구는 없습니다. 이산화탄소가 아닌 다른 온실가스의 감축도 필요합니다. 즉, 어쩔 수 없는 배출이 일어난 부문이나 지역이 있을 경우 다른 영역에서 음의 배출을 하면 상쇄될 수 있습니다.

산업화 이전 수준 대비 온난화를 2도 이하로 막으려고 할 때(성공 가능성 67% 이상) 비용 대비 효과가 좋은 방식에서 농업·임업 및 그 외 토지 이용(AFOLU) 부문, 에너지 공급 부문은 다른 분야보다 수십 년 더 일찍 이산화탄소 넷제로에 도달합니다. 물론 2100년에도 농업·임업 및 그 외 토지 이용 부문

에서 줄기는 하겠지만 여전히 순 온실가스 배출이 있을 것입니다.°

내비게이션에 탄소중립을 달성한 미래 지구로 가는 최적 경로로 길 안내를 하라고 입력하면 이렇게 말할 것입니다.

"탄소중립을 달성한 미래 지구로 가는 최단 경로로 길 안내를 하겠습니다. 1.5도를 넘지 않는 종착역에 도착하기 위해서는 전 세계 배출량이 2025년 이전에 점차 줄어드는 내리막길로 진입하십시오. 다른 길로 가지 않도록 유의하십시오. 이 경로로 힘차게 달리면 2030년에 2019년 수준과 비교해 배출량이 48% 줄어들 것입니다. 2050년 초에는 탄소중립에 도착할 예정이며, 2019년과 비교해 탄소배출을 84% 감축하며 안전하게 목적지에 도착할 수 있습니다. 이 경로로 길 안내를 할까요?"

소비자로서
수요의 변화
만들기

바꿔야죠. 기후변화를 막는 가장 중요한 해법을 알고 있잖아요. 지구온난화로 인한 기후변화는 화석연료를 과도하게 사용해서 발생한 것이니 화석연료 사용을 중단해야겠죠. 그러자면 화석연료와 연결되어 있는 사회 시스템을 바꿔야 합니다. 또 그 사회와 연결되어 있는 '나'도 바꿔야 하고요.

"나 하나 한다고 되겠어?"라는 말을 많이 듣습니다. 〈IPCC 제6차 평가 보고서〉는 "나 하나 한다고 됩니다"라고 말하고 있습니다. 〈제3실무그룹 보고서〉 5장 '수요, 서비스, 사회적 측면의 완화'에서 소비를 바꿔 에너지와 물질의 수요를 줄이는 구체적인 방법을 식량, 산업, 교통(항공, 해상, 육상), 건물, 전기화로 나눠 설명하고 있어요.

연구자들은 2050년까지 수요 변화로 전 세계 온실가스 배출량의 40~70%를 줄일 수 있다고 말합니다. 그것도 강한 확신을 가지고 결론을 내렸습니다. 이 정도면 다른 영역에 피해를 줄 수도 있는 바이오 에너지나, 대기에서 이산화탄소를 직접 제거하는 기술의 필요성을 줄일 수 있답니다.

소비가 줄면 삶의 질이 나빠지는 거 아닌가요?

제3실무그룹 FAQ 5.3

인간의 괜찮은 생활 수준을 위해서는 어느 정도까지는 소비가 필요합니다. 하지만 그 지점을 넘어서면 탄소배출량을 줄이는 소비 방식으로도 괜찮은 생활 수준을 유지할 수 있습니다. 오히려 물질 사용량과 화석 에너지 수요를 줄여 온실가스 배출을 줄이는 여러 방법은 모두의 괜찮은 삶에 도움이 되는 더 나은 서비스를 제공합니다. 큰 범위에서 경제적 안정과 지구 건강에도 많은 도움이 됩니다.

전체 혹은 개인 소득 증가로 측정되는 경제 성장은 온실가스 배출의 주요 원인입니다. 일부 경제 성장률이 낮은 국가에서만 영토 내 온실가스 배출과 소비 활동으로 인해 발생하는 온실가스 배출을 줄이고 있습니다. 이 국가들은 화석연료를 재생 에너지로 전환하고, 에너지 사용량을 줄이고, 저탄소·무탄소 연료로 전환하고 있습니다.

하지만 여전히 1.5도로 지구온난화를 막는 데는 부족합니다. 저탄소·무탄소 연료를 적극적으로 사용해 석탄, 천연가스, 석유 사용을 급격히 줄여야 경제 성장과 온실가스 배출 사이의 연결을 줄일 수 있습니다. 소비량과 금전적인 수입 증가는 개인의 행복을 위한 조건일까요? 오히려 국가적 복지와 개인적 행복은 소득 증가만으로는 충족할 수 없다는 평가가 많습니다.°

괜찮게 산다는 것은 무엇일까요? 보고서는 괜찮은 삶을 '물질적 생활 조건과 삶의 질뿐만 아니라 자신의 목표를 추구하고, 번영하고, 삶에 만족할 수 있는 능력 등을 포함한 다양한 인간의 욕구를 충족하는 상태'라고 설명하고 있어요. 괜찮게 살기 위해서는 물질과 에너지가 많이 필요할까요? 직접적인 물질이나 에너지 사용보다는 그에 의해 제공되는 서비스를 통해 삶의 질이 높아지는 것은 아닐까요?

보고서는 에너지 및 에너지가 제공하는 서비스와 괜찮은 삶의 관계에 대한 연구를 소개하며, 사람에게는 에너지가 아니라 서비스가 필요하다고 이야기합니다.

예를 들어 직장이나 학교에 가기 위해 차량을 이용하는 것은 이동이라는 서비스를 위해 에너지를 쓰는 것이죠. 잘 계획된 도시

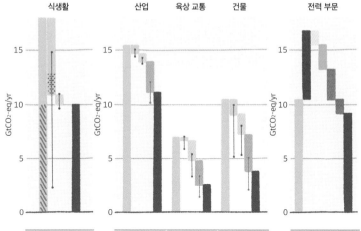

	식품	산업	육상 운송	건물	전기
사회 문화적 요인 (행동 변화)	균형 잡히고 지속가능한 적은 육식, 채식 중심 식단 음식물 과소비 방지	지속가능한 소비로의 수요 전환(예: 수명이 길며 수리 가능한 제품을 집중 사용하는 것 등)	원격 재택근무 걷기와 자전거 타기	에너지를 절약하는 생활 방식	냉난방을 위한 히트펌프, 전기 자동차 등 화석연료를 전기로 대체할 수 있는 부문이 늘어남에 따라 전기 사용량 증가(+60%)
관련 제도 및 시스템 마련	소비자가 선택하고 의사 결정할 수 있는 시스템(예: 탄소배출량이 적은 메뉴) 저탄소배출의 경우 금전적 혜택 제공, 재활용 시스템 마련	금속, 플라스틱 및 유리 물질의 재활용이나 재사용이 가능한 구조 저탄소 제품 표시제	대중교통 활성화 압축 도시 공유 차량 활성화	압축 도시 (예: 15분 도시) 식물이 자라는 녹색 지붕, 도시 녹지 공간 늘리기	산업, 육상 운송, 건물에서 줄이는 탄소배출 그리고 전력망에서 실시간 가격 변동 등으로 수요를 유연하게 조절하는 부하 관리 등으로 -73%
청정 기술 도입	현재로서는 활용이 어려움(예: 인공 배양육 등은 현재 인용 가능한 연구가 없음)	사용하는 재료의 효율 높이기 에너지 효율 높이기 저탄소 에너지원 사용	전기 자동차나 효율이 높은 차량으로 바꾸기	단열이 잘되는 건물 외장재 사용	

WWW AFOLU(농업·임업 및 그 외 토지 이용)
:::::: 식량 관련 배출량의 직접 감축(숲의 복원에 따른 탄소감축은 제외)

■ 2050년 총배출량
■ 사회 문화적 요인
■ 관련 제도 및 시스템 마련
■ 청정 기술 도입

■ 수요 변화로 줄일 수 없는 배출량

■ 추가 전기화
■ 산업
■ 육상 운송
■ 건물
■ 부하 관리

2050년 수요의 변화로 줄일 수 있는 탄소배출

사회 문화적 변화, 관련 제도 및 시스템 마련, 청정 기술 도입을 통한 소비자의 의사 결정과 행동 변화로 탄소배출이 많은 상품이나 서비스 사용을 줄여 2050년까지 수요 부문의 온실가스 배출량을 40~70%까지 줄일 수 있다.

공간에서는 굳이 에너지를 사용하지 않고 걸어서 직장이나 학교에 갈 수 있으니 에너지 사용과는 무관하게 이동이라는 서비스를 제공받는 것입니다. 또 냉장고를 사용하는 것은 신선한 음식 제공이라는 서비스가 필요하기 때문이죠. 지역 농산물을 손쉽게 이용할 수 있는 조건이 된다면 냉장고에 많은 양의 식재료를 보관하며 에너지를 사용하지 않아도 신선한 음식을 먹을 수 있을 것입니다.

보고서는 적절한 생활 수준은 낮은 에너지 사용으로도 달성할 수 있다고 강조합니다. 또한 선진국에서 소득 수준 증가가 멈추거나 감소하는 시나리오는 실현 가능할 뿐 아니라 환경적으로 필요하다는 여러 연구를 소개하고 있습니다.

예를 들어 적정 생활 수준을 훨씬 넘는 사람의 탄소배출을 줄이면 국가별 탄소배출량을 최대 30%까지 줄일 수 있고, 적정 생활 수준에 한참 미치지 못해 주택, 이동성, 영양이 열악한 취약 계층이 적정한 소비를 할 수 있다고 합니다. 최대 소비 수준을 제한하는 것뿐 아니라 최소 소비 기준을 정해 기본권이 보장되도록 하거나, 지속가능한 소비 범위를 정해 모든 사람이 그 안에서 소비가 가능하도록 제안하는 연구도 소개하고 있어요.

그림(35페이지)은 각 부문별로 사회 문화(청록색), 관련 제도 및 시스템(분홍색), 청정 기술(주황색)을 통해 2050년까지 소비자가 생활 양식을 바꾸고 이를 지원하는 사회 시스템의 변화로 줄일 수 있는 탄소배출을 설명한답니다.

막대그래프 길이는 줄일 수 있는 탄소배출량을 나타냅니다. 길수록 배출량을 많이 줄일 수 있는 것이고요. 가장 긴 막대그래프는 식생활 부문에 있어요. 여기서 이렇게 큰 값이 나오는 이유는 육식이 줄어드는 만큼 숲이 목초지로 바뀌는 것을 막을 수 있어서, 그만큼의 탄소배출량을 포함하기 때문이랍니다.

이 그래프대로라면 식품 수요의 변화로 2050년에 80억 톤 CO_2 환산배출량을, 육상 운송에서는 65억 톤 CO_2 환산배출량을 줄일 수 있는 거예요. 진짜로 '나 하나' 한다고 되네요.

1.5도를 위해
'틀에 박힌'
행동 하기

〈IPCC 제6차 평가 보고서〉는 소비를 줄여 수요 부문에서 탄소배출을 적게 하기 위해 '피하기-바꾸기-개선하기'라는 소비자 행동 틀(프레임워크)을 제안하고 있어요.

운송 부문을 예로 들어 볼까요? 가능하면 차량을 이용한 이동을 피하고, 차를 이용해야 하면 이동 수단을 대중교통으로 바꾸고, 승용차는 가능한 한 소형으로 바꿔 연료 효율을 개선하자는 것이죠. 주택의 경우에는 과도한 냉난방을 피하고, 건축 설계를 할 때 자연 환기가 잘 되도록 바꾸고, 태양열 장치나 히트 펌프를 쓰도록 개선하자는 것입니다. 이런 '피하기-바꾸기-개선하기'라는 틀에 맞춰 전체 생활 방식에서 탄소배출을 줄이자는 제안이에요.

우리 모두 1.5도를 위해 '틀에 박힌' 행동을 합시다. 보고서에 따르면 자동차 없는 생활, 동물성 제품을 사용하지 않는 채식 식

피하기 순서대로 1인당 탄소감축량이 많다	바꾸기 순서대로 1인당 탄소감축량이 많다	개선하기 순서대로 1인당 탄소감축량이 많다
자동차 없이 살기	전기 자동차 이용하기	재생 에너지 이용하기
장거리 비행기 한 번 덜 타기	대중교통 이용하기	에너지 절약형 주택으로 리모델링하기
중거리 비행기 한 번 덜 타기	완전 채식으로 바꾸기	냉난방용 히트 펌프 사용하기
자동차 덜 타기	지속가능한 식단 구성하기	개선된 조리 도구 사용하기 (화석연료를 사용하는 기구에서 전기를 사용하는 기구로)
항공 수송 줄이기	채식하기	
반려동물 없이 살기	저탄소 육류 먹기(돼지, 닭)	재생 에너지 기반 난방 하기
재택근무	유기농 식품 먹기	패시브 하우스 건축하기
집 크기 줄이기: 공유 주택	걷거나 자전거 타기	재생 에너지 생산하기
음식물 쓰레기 줄이기	지중해식 식단 구성하기	하이브리드 자동차 타기
연료를 절약하는 운전 습관	지역 농산물 구입하기	텃밭 가꾸기
포장 덜 하기	카풀, 공유 자동차 이용하기	더 작은 차로 바꾸기
온수 절약하기	공유 경제, 공유 서비스 이용하기	단열 잘 하기
동물성 제품 피하기		스마트 미터기 사용하기
과식하지 않기	친환경적으로 외식하기	고효율 가전제품 이용하기
실내 난방 온도 낮추기	권장 영양 식사하기	에너지와 물질 사용 효율 높이기
가공식품 / 주류 섭취 줄이기	제철 먹거리 구입하기	
구매 줄이기 / 내구성 좋은 물품 사기	부분적으로 식단 바꾸기(육류 대신 채소, 생선, 유제품으로)	가전제품 효율적으로 사용하기
직물류 적게 쓰기	버스 이용 대신 걷기	음식물 쓰레기 줄이기
의류 관련 에너지 덜 쓰기	연료 전지 자동차로 바꾸기	저탄소 방식으로 건축하기
가전제품 줄이기		재활용한 재료 사용하기
플라스틱(화학 물품) 덜 사용하기		녹색 지붕 만들기
종이 사용 줄이기		재활용하기

개인이 온실가스를 줄이는 60가지 방법(피하기-바꾸기-개선하기)

단, 가정의 저탄소 전기 사용, 해외가 아니라 지역에서 보내는 휴가와 같이 피하고, 바꾸고, 개선하는 행동 변화를 통해 개인의 탄소배출을 최대 $9tCO_2$-eq(9이산화탄소 환산 톤)를 줄일 수 있답니다. '나 하나'가 줄일 수 있는 양이 결코 적지 않죠.

이 중 눈에 띄는 항목이 하나 있네요. 바로 '반려동물'입니다. 반려동물과 기후변화가 무슨 관계인 것일까요? 보고서에서 인용한 이 논문은 6990개의 논문을 검토하고, 그중 771개의 방법을 60개의 영역으로 나눠 정리한 것이라고 합니다. 근거가 분명하다는 것이니 엉뚱한 소리는 아닌 듯한데 말이죠.

만약 전 세계 반려동물 중 개와 고양이만 모아 별도의 국가를 구성한다면 그 국가의 육류 소비는 세계 5위라고 합니다. 개와 고양이 사료를 만드는 데 사용하는 육류 소비 때문에 미국에서는 매년 약 6400만 톤의 이산화탄소가 발생합니다. 이는 자동차 1360만 대가 1년간 운행하며 배출하는 양과 같다고 합니다(2017년 기준). 개는 이것저것 다 먹을 수 있기 때문에 매번 육류를 섭취할 필요가 없지만, 고양이는 반드시 육류를 섭취해야 해요.

배설물 처리도 탄소배출에 문제가 되겠죠. 분해되지 않는 배변 봉투가 일반 쓰레기로 배출되어 매립지로 향하면 큰 어려움이 생길 것입니다. 고양이가 배변 시 사용하는 모래 중 벤토나이트 Bentonite라는 점토는 토양 깊은 곳에 있기 때문에 광산처럼 땅을 파내야 해요. 이 과정에서 탄소배출 말고도 환경 파괴라는 문제가 발생하겠네요. 봉지 김에 들어 있는 제습제인 실리카 겔을 모래로 사용하는 경우 제조 과정에서 상당량의 이산화탄소가 배출됩니다. 이것 말고도 반려동물이 사용하는 의류와 장난감도 탄소를 배출하고, 분해되지 않는 폐기물이 되는 경우가 많습니다.

보고서에서 '반려동물 없이 살기'를 탄소배출을 줄이는 방안 중 하나로 제안하는 이유가 있네요. 하지만 전 세계 절반 정도의 인구가 반려 가족입니다. 대안을 찾을 필요가 있습니다.

개의 경우 육식 기반이 아닌 탄수화물 기반 사료량을 늘린다거나, 고양이의 경우 곤충 기반 단백질로 만든 사료를 찾아보는 것이 대안일 수 있어요. 배변은 개의 경우 분해되는 봉투를 사용하고, 고양이 배변 모래는 재활용 종이나 두부 찌꺼기 등을 재활용한 식물성 모래를 사용하는 것도 대안이 될 수 있고요. 의류나 장난감의 경우 반려 가족인 동물 입장이 되어 필요한 것만 구매한다면 폐기물량을 줄일 수 있답니다.

단, 주의해야 할 것이 있어요. 이런 저탄소배출 생활을 오롯이 개인에게 책임지게 하면 안 됩니다. 자금이 부족해서 단열이 잘되는 이중창, 삼중창으로 리모델링하지 못하고, 전기차로 바꾸지 못하고, 직장 근처에 개인의 경제 상황에 맞는 집을 구하지 못해 장거리 통근을 해야 하는 상황이라면요? 마트에는 비닐봉지에 담긴 제품이 많은데 어떻게 비닐봉지를 덜 쓰며, 버스가 1시간에 한 대밖에 없는 곳에서 어떻게 대중교통을 이용하겠어요? 히트 펌프처럼 열효율이 좋은 기기로 냉난방을 하고 싶어도 아예 제품도 지원 제도도 없다면요?

그래서 보고서는 기업의 적극적인 투자와 이러한 투자가 가능하도록 하는 정치 기관의 개입이 있어야 한다고 설명합니다. 정치를 움직이는 것도 '나 하나'에서 시작하는 것입니다. 또 문화가 바뀌어야 한다고도 이야기합니다. 문화 변화는 '나 하나'의 가치관 변화에서 시작합니다. 이것을 바탕으로 한 소비자 선택이 수요를 바꿔 탄소배출을 줄이는 것이죠.

'나 하나'가 진짜 '나 하나'가 되지 않도록 해야 합니다. 하지만 출발은 바로 '나 하나'임을 잊지 말아야겠죠.

10년 안에
사회 시스템의
변화 만들기

제대로 꾸준히 온실가스 배출량을 줄이고, 모두가 살기 좋고 지속 가능한 미래를 만들어 가려면 모든 부문, 즉 전 시스템에 걸쳐서 빠르고 넓은 갈아타기가 필요해요. 〈IPCC 제6차 평가 보고서〉는 기술도 대부분은 확보되어 있으며 이용 가능하다고 이야기합니다.

그중 〈제3실무그룹 보고서〉에서 에너지, 농업·임업 및 그 외 토지 이용, 건물, 운송, 산업, 기타 6개 영역으로 나눠 탄소배출을 줄이는 방법을 설명하고 있고, 각 방법에서 해당하는 양만큼 탄소배출을 줄일 때 드는 비용도 함께 정리했어요. 이것을 쉽게 알아볼 수 있도록 〈정책 결정자를 위한 요약본〉에 가격 대비 줄일 수 있는 탄소배출량과 함께 차트(45페이지)로 나타냈습니다.

차트는 '2030년 예상 비용 및 줄일 수 있는 탄소배출량'을 나타낸 것이에요. 탄소배출을 줄이는 방법을 가성비와 함께 총정리한 셈이죠.

보고서는 이산화탄소 상당배출량 1톤을 줄이는 데 현재와 비교해 추가로 드는 비용이 100달러 이하인 방법으로, 2030년까지 전 세계 온실가스 배출량을 2019년 수준의 절반 이상으로 줄일 수 있다고 확신을 가지고 이야기하고 있어요.

그래프에서 비용은 색으로 나타내고 있어요. 청록색은 이산화탄소 톤당 0달러 미만, 즉 현재 화석연료를 사용하는 기술보다 탄소배출량을 줄이는 데 드는 비용이 같거나 저렴한 것이고, 추가 비용이 많이 드는 이산화탄소 상당배출량 1톤당 100~200달러는 갈색으로 나타냈어요. 막대그래프 길이는 1년간 줄일 수 있는 이산화탄소 상당량을 나타낸 것이고요.

풍력 에너지는 2030년에 3.85GtCO2-eq를 줄일 수 있고, 태양 에너지는 4.50GtCO2-eq를 줄일 수 있습니다. 에너지 부문에서 가장 길고 청록색이 많은 것은 풍력 에너지와 태양 에너지네요.

2010~2019년까지 재생 에너지 관련 생산 비용이 곤두박질 쳤어요. 태양 에너지 85%, 풍력 에너지 55%, 리튬 이온 배터리가 85%씩 비용이 감소했어요. 국제에너지기구(IEA)는 주요 국가에서 2030년까지 석탄 화력 발전소에 비해 전력 생산 가격이 절반 정도로 낮아지고, 가스 화력 발전에 비해서도 2/3 정도로 낮아질 것으로 예측하고 있어요.

당연히 설치 용량도 많이 늘어났어요. 여기에서 전력 생산 비

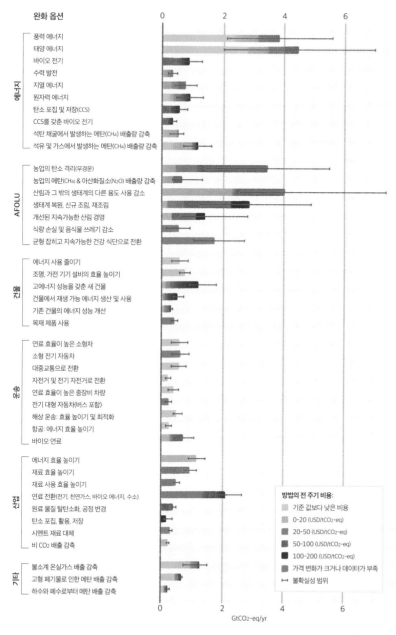

전 세계에서 부문별로 줄일 수 있는 탄소배출량과 비용(2030년 기준)

용은 발전소를 건설하고, 운영하고, 운영이 종료되어 폐기할 때 드
는 모든 비용을 포함한 값입니다. 전 생애 주기 '균등화 발전 비용
(LCOE)'이라고 하죠.

바꿔야죠!
전기를 생산하는
에너지원을

기후변화를 막기 위한 가장 핵심적인 부문은 에너지 시스템이에
요. 에너지 공급은 온실가스 배출의 가장 큰 부문으로 2019년 전
체 배출량의 34%를 차지하고 있어요. 에너지 시스템은 2050년 탄
소중립 시점까지 대대적인 변화가 필요합니다.

우선 화석연료를 끊어야 해요. 화석연료인 석탄, 석유, 천연가
스 사용을 거의 중단해야 합니다. 물론 채굴도 멈춰야죠. 사회 시
스템, 기반 시설, 기술과 문화도 함께 바꿔야 하니 쉽지 않겠죠. 하
지만 이미 저렴하게 갈아탈 수 있는 기술이 마련되어 있어요.

〈IPCC 제6차 평가 보고서〉에서는 '폭망 주의'도 이야기해요.
"새 석탄 화력 발전소를 건설하는 것은 온난화를 1.5도로 막는 데
큰 걸림돌이 되는 것뿐 아니라 석탄이나 화석연료 관련 기업이나
시스템에 새롭게 투자할 경우 경제적 가치가 없어져서 투자금을

회수하지 못하고 큰 손해를 보게 될 것이다"라고 경고를 남겼습니다. 석탄 관련 자산은 10년 안에, 석유와 가스도 이번 세기 중반인 2050년이면 이윤을 남기기 어려워 경영할 수 없는 상황이 된다는 거예요.

지구온난화 수준이 1.5도를 넘지 않는 시나리오에 의하면 태양·풍력 등 재생 에너지는 2050년까지 전체 전력 생산의 약 90%를 차지해야 한다고 해요. 그런데 풍력, 태양광, 배터리 기술이 급격한 비용 절감 등으로 목표보다 훨씬 빠르게 확장하고 있습니다. 물론 바이오매스를 이용한 재생 에너지도 있지만, 토지를 이용해야 하기 때문에 일정 범위 이상 확장은 불가능해요.

원자력의 경우도 건설 비용이 많이 들고, 방사성 폐기물 최종 처리 문제도 있고, 설립 지역 주민의 반대가 강하기 때문에 증가하기는 어렵죠. 물론 국가별로 정부 입장에 따라 공급량이 조금 늘기는 하지만, 그리 크지는 않을 것으로 예측하고 있어요.

화석연료를 끊는 것과 함께 필요한 것은 가능한 영역에서 화석연료가 아닌 전기 에너지로 바꾸는 일이에요. 전기 에너지로 바꾸기 어려운 부분은 수소, 바이오 에너지, 암모니아 같은 에너지원으로 바꿔야 합니다.

석유를 연소하는 내연 기관 자동차는 전기 자동차로, 가스를 사용하는 가정용 가스레인지는 전기 에너지를 사용하는 인덕션으로 바꾸는 등의 과정에서 에너지 사용량은 어쩔 수 없이 증가할 거예요. 하지만 장기적으로 사용하는 에너지를 재생 에너지로 바꾸면 전체 탄소배출량은 줄일 수 있답니다.

이산화탄소를 거의 또는 전혀 배출하지 않는 에너지 시스템은 지금의 에너지 시스템과 다른가요?

제3실무그룹 FAQ 6.1

그렇지 않습니다. 에너지원은 다르지만 여러분이 제공받는 서비스는 같습니다. 주택 난방과 냉방, 교통, 상품 운송, 공장에 공급하는 전기 에너지 등의 최종 서비스는 같습니다. 저탄소 에너지 시스템도 서비스를 제공하기 위해 에너지를 생산하고 필요한 형태에 맞춰 열에너지, 전기 에너지, 운동 에너지 등으로 에너지를 전환해 사용합니다.

　미래에는 거의 모든 전기가 태양광 발전, 풍력 발전, 원자력 발전, 바이오 에너지 발전, 수력 발전, 지열 발전으로 생산되고, 어쩔 수 없는 곳에서 발생하는 이산화탄소는 포집되고 저장될 것입니다. 이산화탄소를 거의 또는 전혀 배출하지 않으면서 전기 에너지가 생산되는 것입니다. 전기, 수소, 바이오 에너지는 자동차, 난방 시설 등 오늘날 화석연료가 사용되던 다양한 곳에 사용될 것입니다. 또 에너지 사용은 더 효율적으로 개선되어 적은 양의 에너지로 동일한 서비스가 제공될 것입니다. 하지만 이런 변화가 일어나기 위해서는 정책, 제도, 사람의 생활 방식 등이 함께 바뀌어야 합니다.°

재생 에너지원이 에너지 시스템에 필요한 모든 에너지를 공급할 수 있을까요?

제3실무그룹 FAQ 6.2

재생 에너지 기술은 태양, 바람, 식물, 비, 바다 등과 같이 없어지지 않고 계속해서 보충되는 천연자원으로 에너지를 생산합니다. 이런 무한한 천연자원에서 나오는 에너지는 현재에도 미래에도 에너지 수요를 충분히, 심지어 몇 배나 초과해서 충족할 수 있습니다.

그렇다고 재생 에너지원이 미래의 저탄소 에너지 시스템에 사용되는 모든 에너지를 공급한다는 것은 아닙니다. 국가별로 재생 에너지 자원이 풍부한 곳과 그렇지 않은 곳이 있기 때문입니다. 배출되는 이산화탄소를 포집하고 저장하는 화석연료나 원자력 같은 다른 에너지원을 활용할 수도 있습니다. 태양 에너지, 풍력 에너지, 수력 발전에서 나오는 에너지양은 하루, 계절, 1년을 주기로 변동될 수 있습니다.

또 저탄소 에너지원은 대기 오염을 줄이거나 외딴곳에 전기 공급을 쉽게 할 수 있다는 점에서 바람직하기도 하지만, 생물 다양성 감소나 배터리 제작에 필요한 광물 자원 채굴 확대 같은 부정적인 영향도 일부 있습니다. 이런 이유로 전 세계의 모든 저탄소 에너지 시스템이 100% 재생 에너지원에 의존할 가능성은 낮습니다.°

그래서 어쩔 수 없이 화석연료를 사용하는 부분도 있겠죠. 이런 곳에서는 화석연료가 연소된 후 발생하는 탄소를 모아 따로 저장하는 방법을 사용해야 합니다. 하지만 이 방법은 정말 어쩔 수 없는 경우에만 사용해야 해요.

몇몇 기업이나 정부에서는 이 방법을 적극적으로 활용해 계속해서 화석연료를 사용하거나 탄소를 많이 배출하는 산업을 유지하려고도 합니다. 하지만 보고서는 위험이 큰 투자나 정책이라고 이야기하고 있어요.

바꿔야죠!
우리가 먹는 것과 먹을 것을
생산하고 소비하는 방식을

땅을 제대로 알고 땅에 의존해 땅을 바르게 이용하는 것은 탄소배출을 줄이는 데 중요해요. 땅은 탄소를 저장하는 곳이에요. 하지만 땅을 잘못 이용하면 많은 탄소를 배출하는 배출원이 되어 버린답니다.

땅이 숲을 품으면 광합성을 통해 대기 중 탄소량을 줄여요. 하지만 숲이 사라지면 광합성이 사라질 뿐 아니라 땅속 탄소도 쉽게 배출됩니다. 가축을 키우는 농장을 만들거나, 늘어나는 자동차를 위해 도로를 만들거나, 도시를 확장하거나, 농사짓는 논밭을 만드는 것은 땅을 탄소 흡수원에서 배출원으로 만드는 일입니다.

땅이 오랫동안 물이 차 있는 습지를 품으면 많은 탄소가 저장돼요. 습지는 느리게 흐르는 시계입니다. 지하 수위가 높아 지표까지 질퍽하게 물을 채운 습지는 이끼를 매트처럼 두껍게 키우며 탄소를 저장하고, 물은 성질 급한 산소를 막아 토양 속 유기물이 분해되는 속도를 늦춰 줘요. 하지만 개발을 위해 습지에서 물을 빼내면 탄소가 빠르게 배출되죠.

땅은 육지에만 있는 것은 아니에요. 맹그로브의 나무들은 물속에서 뿌리를 닮은 가지를 늘어뜨려 파도로부터 해안을 보호하고, 다양한 물속 생물이 살아가는 장소를 제공합니다. 많은 양의 탄소를 저장하는 물속 숲이죠. 맹그로브를 베어 내고 새우 양식장을 만들면 탄소 흡수원이던 맹그로브가 탄소 배출원이 되어 버립니다.

농업은 땅을 기반으로 식량을 생산하는 중요한 일이에요. 하지만 과도한 비료 사용은 아산화질소 같은 온실가스를 발생시킨답니다. 쌀을 생산하는 논도 메탄가스가 발생하는 곳이에요. 이렇게 농업은 기후변화를 일으키는 동시에 기후변화로 인한 재난에 쉽게 피해를 입습니다. 수확을 앞둔 농작물이 한순간에 못 쓰게 되기도 하고, 기온 상승으로 더 이상 원하는 수확을 하지 못하고 큰 손해를 입기도 하죠.

목재를 태워서 열에너지를 얻을 수 있어요. 하지만 이 과정에서도 이산화탄소가 배출됩니다. 물론 나무가 성장하는 과정에서 이산화탄소를 흡수했으므로 대기 중의 탄소를 추가로 늘린다고 볼 수는 없어요. 하지만 줄일 수 있는 기회가 그만큼 줄어들겠죠. 그래서 〈IPCC 제6차 평가 보고서〉는 에너지로 사용되는 작물을 재배해 발전소에서 태워 에너지를 만들 때 탄소 포집 및 저장 기술을 사용해야 탄소배출을 줄일 수 있다고 합니다.

'농업·임업 및 그 외 토지 이용'이 온실가스를 줄이는 데 특별한 점이 있다는데요?

제3실무그룹 FAQ 7.1

독특한 점이 3가지 있습니다.

첫째, 다른 부문과 달리 탄소배출량을 줄일 수 있는 방법이 매우 다양합니다. 우선, 작물을 재배하는 것 자체가 탄소배출량을 줄이는 일입니다. 광합성을 통해 대기에서 저렴하게 상당한 양의 탄소를 제거할 수 있고, 나무를 재배한 경우 태워서 에너지를 얻을 수 있고, 목재를 건축 재료로도 사용할 수 있습니다. 일석 삼조입니다.

둘째, 이산화탄소 이외의 온실가스인 아산화질소, 메탄 비율이 다른 부문에 비해 높습니다. 메탄은 대기 중에서 수명이 10년 정도로 짧습니다. 메탄 배출량을 줄이면 대기 중 축적된 온실가스를 줄이는 효과가 빠르게 나타날 수 있습니다.

셋째, 탄소배출을 줄이는 것뿐 아니라 기후변화를 대비하는 적응 조치에도 도움이 됩니다.

이뿐만 아니라 '농업·임업 및 그 외 토지 이용'은 대규모 생물 다양성 손실, 환경 악화로 인한 심각한 문제와 관련이 깊습니다. 육지의 많은 부분이 농업, 임업 등에 사용되고 있기 때문에 관리를 제대로 한다면 토양, 수질, 대기 질을 개선하고, 생물의 서식지를 제공하며, 생물종 다양성 유지에 중요한 역할을 할 수 있습니다. 이는 결과적으로 지속가능발전목표(SDGs)의 여러 영역에 좋은 영향을 줍니다.[○]

'농업·임업 및 그 외 토지 이용' 중 적은 비용으로 온실가스를 크게 줄일 수 있는 방법은 무엇인가요?

제3실무그룹 FAQ 7.2

상대적으로 적은 비용이 드는, 즉 경제성이 있다고 판단하는 기준으로 이산화탄소 1톤을 줄이는 데 100달러 정도로 잡고 있습니다. '농업·임업 및 그 외 토지 이용' 분야는 비교적 적은 비용으로 탄소배출량을 줄일 수 있는 곳입니다.

2020~2050년을 기준으로 산림 및 기타 생태계 분야에서 경제성이 있는 감축량은 1년에 $7.3GtCO_2\text{-eq}$ 정도 됩니다. 농업 분야는 1년에 $4.1GtCO_2\text{-eq}$입니다. 또 농산물의 수확·운송·저장 과정에서의 손실과 음식물 쓰레기를 줄이고, 식단을 채식 중심으로 바꾸고, 목재 제품을 오래 쓰는 등 사용 방법을

개선해 농업을 위한 토지 이용 수요를 감축하면 1년에 2.2Gt-CO_2-eq를 줄일 수 있습니다.[○]

풀을 먹고, 게워 내고, 다시 씹어서 삼키는 등 되새김질하는 가축은 트림과 분뇨를 통해 메탄을 발생시켜요. 게다가 가축을 키우면 탄소를 흡수하는 숲이 사라지게 되죠. 가축은 동일한 양의 식물에 비해 훨씬 많은 양의 물과 에너지를 소비해요. 최근 육류 소비량이 늘면서 기후변화를 키우고 있어요.

가정에서 배출하는 온실가스 중 약 28%가 식생활에서 나오고 있어요. 단연 '쌀'과 '소고기'가 1등 공신입니다. 쌀을 주식으로 하는 국가에서 쌀은 피할 수 없지만, 소고기 같은 육류는 피할 수 있어요. 물론 쌀도 농사짓는 방식의 변화 등으로 탄소배출량을 줄여야겠죠.

우리 먹거리는 '땅'과 '물'의 도움으로 생산됩니다. 육류, 원유를 가공한 식품을 많이 찾으면서 더 많은 땅과 더 많은 물을 사용하게 되었어요. 식생활에서 배출을 줄이려면 수요와 공급의 변화와 함께 요람에서 무덤까지, 즉 생산에서 소비 생활 및 폐기물 관리까지 모든 단계에서 변화가 필요해요. 농사짓는 방법이 변해야 하고, 소비자 식생활이 변해야 하고, 음식물 쓰레기를 발생시키는 식품 생산자, 유통업체, 소매업체와 소비자가 변해야 해요.

보고서에 따르면 2019년 전 세계 온실가스 배출량의 약 22%

가 이렇게 땅을 이용하는 곳에서 발생했다고 합니다. 하지만 여전히 땅과 땅이 품은 생태계는 2010~2019년 사이에 인간이 만들어 낸 이산화탄소의 약 1/3을 흡수하고 있답니다. 땅을 제대로 알고 땅에 기대어 땅을 바르게 이용해야 하는 이유입니다.

바꿔야죠!
우리가 생활하는 건물과
우리 습관을

도시에서 탄소배출을 가장 많이 하는 배출원은 무엇일까요? 자동차? 전광판? 아니에요. 바로 건물이랍니다. 서울에서 배출되는 온실가스의 2/3 정도가 건물에서 나옵니다. 따라서 건물에서 발생하는 탄소배출량을 줄이는 것이 중요하겠죠.

건물에서는 어떤 온실가스가
배출되나요?
제3실무그룹 FAQ 9.1

건물에서 배출되는 온실가스는 요리, 난방, 온수 사용 등을 위해 화석연료를 연소하는 과정이나, 발전소에서 생산된 전기를 이용하면서 건물을 건축하는 과정이나, 관련 자재를 생산·

운반하는 과정에서 발생하고 있습니다. 대부분은 이산화탄소이고, 냉장고 등의 냉매로 사용하는 불소화 온실가스(F-gas)도 배출되고 있습니다.°

건축 부문에서 탄소배출을 줄이는 가장 효과적인 방법은 무엇인가요?
제3실무그룹 FAQ 9.3

건물이나 주택의 단열이 잘되도록 리모델링하고, 에너지 효율이 높은 기기를 사용하고, 저탄소 에너지와 재생 에너지 전력을 사용하는 것과 같은 기술 관련 해결책이 있습니다. 기업이나 정부가 이런 곳에 적극적으로 투자한다면 빠르게 감축할 수 있을 것입니다.

에너지 사용량을 줄이는 방법도 있습니다. 건물에서 사용하는 에너지 사용량 규제나 가전제품에 대한 규제 같은 조치도 도움이 되고, 건물에서 배출하는 탄소에 대해 탄소세를 부과하거나 개인이 배출하는 탄소량의 한계를 정할 수도 있습니다. 또 에너지를 절약하면 그만큼을 지원금으로 지급하는 방법도 있습니다. 냉난방 온도를 과도하게 설정하지 않는 것 같은 개인의 생활 습관도 중요합니다.

하지만 이것만으로는 안 됩니다. 강력한 제도와 정책이 필

요하고 보조금, 대출, 절약한 만큼 자금을 지원하는 것 같은 금융 지원이 매우 중요합니다.°

성공적인 사례도 꽤 많아요. 대표적으로 에너지를 매우 적게 쓰는 빌딩, 아예 에너지를 사용하지 않는 넷제로 에너지 건물이 있어요.

대만의 전자 제품 제조 회사인 델타전자는 쳉쿵대학교에 연

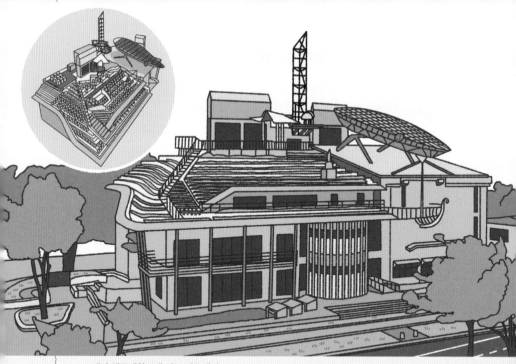

대만 쳉쿵대학교에 있는 연구센터
대만 최초 탄소 제로 건물이다.

구소 건물을 지어서 기부했어요. 이 건물은 비슷한 건물에 비해 에너지를 82%나 절약할 수 있다고 합니다.

연구소 건물은 나폴레옹 모자처럼 생긴 지붕으로 덮여 있는데, 지붕에는 가뭄에 강한 식물들로 옥상 정원을 만들었답니다. 게다가 매우 긴 처마로 태양 복사열을 막을 수 있도록 했죠. 지붕 가운데는 우뚝 솟아 있는 태양굴뚝이 있어요. 이 굴뚝이 태양열을 받게 되면 가열된 공기가 상승하겠죠. 이때 내부 공기도 위쪽 환기구로 자연스럽게 배출된답니다. 냉방 장치에 크게 의존하지 않고도 실내를 시원하게 유지할 수 있다고 해요.

미국 콜로라도주에 있는 국립재생에너지연구소 건물은 건설 당시 전 세계에서 제로 에너지 인증을 받은 가장 큰 상업용 건물이에요. 핵심은 그냥 버려지는 것이 없도록 하는 것과, 자연에서 얻을 수 있는 것은 최대한 이용한다는 것이에요.

그냥 버려지는 것이 없도록 하기 위해서 우선 사용량을 최소화했어요. 조명은 자연 채광에 따라 자동으로 조절되고, 사용자가 있는지를 센서로 파악해 자동으로 불이 꺼지거나 켜지도록 했답니다. 변기는 최소한의 물을 사용하도록 설계되었고, 나비 날개처럼 V자 모양으로 벌어진 지붕에서 받은 물은 정원의 연못으로 흘러가도록 했어요. 냉난방으로 사용된 열은 회수되어 재사용하도록 했고요. 순환의 원칙이 건물 곳곳에서 실현되도록 한 것이죠.

또 10m 높이의 바람받이 타워를 통해 들어온 자연 공기가 바

미국 국립재생에너지연구소(NREL) 내에 있는 연구 지원 시설

닥의 여러 곳을 통해 나가며 자연 환기가 되도록 했습니다. 자연 채광과 태양열을 모든 건물에서 충분히 활용할 수 있도록 건물 동을 서로 어긋나는 각도로 배치하고, 넓게 벌어진 나비 지붕으로 자연 채광이 건물 내부에 깊숙이 들어올 수 있게 해서 건물의 80%가 자연 채광이 가능하다고 합니다.

이 연구소에서는 15메가와트가 넘는 전력을 생산하는데, 풍력이나 태양광뿐 아니라 지열도 활용하고 있어요. 냉난방은 지열을 이용한 히트 펌프를 사용해요.

건축 재료도 지역에서 생산된 재료와 재활용할 수 있는 재료뿐 아니라 재활용된 재료도 사용했어요. 인근 덴버 국제공항에서 폐기하는 활주로 콘크리트를 섞어서 기초 공사를 했다고 해요. 정원은 강수량이 적은 콜로라도 지역의 특성에 맞게 가뭄에 강한 토종 수목을 심어서 불필요한 물 사용을 줄이고, 빗물이 모일 수 있는 작은 연못을 둬 빗물을 활용할 수 있도록 했어요.

건물의 탄소배출을 줄이면 어떤 점이 좋은가요? 줄이는 과정에서 우리가 감수해야 할 것들은 무엇인가요?

제3실무그룹 FAQ 9.2

건물에서 배출하는 탄소를 줄이는 것은 모두에게 이익입니다. 일자리가 늘고, 사회적 복지가 나아집니다. 그렇지만 이 과정에서 탄소배출이 늘어날 수도 있습니다. 건물을 리모델링하는 과정이나 모두에게 적절한 실내 온도를 유지할 수 있는 거주 환경을 마련하면서 추가로 에너지 사용량이 늘어나며 탄소배출이 증가할 것입니다. 기후변화가 진행되며 기온 상승으로 인해 냉방기 가동이 증가하면서 탄소배출이 늘어날 수 있습니다.

또 해수면 상승, 폭풍우 증가, 강수량 증가와 같은 변화하는 자연환경에 맞춰 건물의 구조나 자재 등도 안전하게 변경해야 합니다. 이에 따라 에너지 소비가 늘어나고, 건축 혹은 건물 유지에 비용도 많이 들 것입니다. 하지만 이러한 대비는 기후

위기와 재난에 빠르게 회복할 수 있는 탄력적인 대응이며, 필요한 배출입니다.[◦]

기후위기를 막는 목적은 기후위기로 인한 피해를 줄이기 위한 것이죠. 따라서 에너지가 필요할 때 필요한 만큼의 에너지를 누구나 사용할 수 있어야 해요. 건물이나 가구마다 태양광 패널을 설치하고, 에너지 효율을 높이고, 꼭 필요한 곳에 에너지가 부족하지 않도록 하는 것은 기후위기와 재난에 대한 회복력을 높이는 탄력적인 대응 방법이에요.

임대 주택에 일정 기준 이상의 에너지 절약형 리모델링을 하도록 의무화하는 것도 방법입니다. 단, 이 경우 임대료가 올라 집 없는 사람이 어려움을 겪으면 안 되겠죠. 정부에서 리모델링 비용을 지원하는 등 적극적인 대책이 있어야 해요. 아예 정부에서 단열도 잘되고 에너지 절약도 할 수 있는 임대 주택을 많이 지어서 직접 보급하면 더 좋겠죠.

바꿔야죠!
타고 싣고 다니는
교통수단을

에너지·산업 부문에서는 탄소배출량이 증가하기는 했지만 증가 정도가 줄어들고 있어요. 그런데 운송 분야 배출량은 일정하게 꾸준히 증가하고 있어요. 운송 분야는 4번째로 큰 배출원이에요. 그러니 온실가스 배출을 적게 하는 차량 보급을 늘려야 한답니다. 화석연료를 사용하는 차량은 가능한 한 빨리 생산을 중단하고 전기차량으로 바꿔야 해요.

현재 전기 차량 보급의 열쇠는 배터리 저장 용량과 가격에 달려 있어요. 리튬 이온 배터리 가격은 2010년에 비해 2023년 90%가량 낮아졌고, 용량과 수명도 개선되고 있어요. 하지만 겨울철 온도가 낮을 때 배터리 작동이라던지, 충전소 부족이나 긴 충전 시간 그리고 간혹 발생하는 배터리 폭발 사고 등 아직 개선해야 할 것들이 남아 있어요.

보통 수소 자동차로 부르는 차량은 연료 전지를 장착한 차량을 말해요. 수소 자동차는 달리면 물이 나와요. 보통은 바로 증발해서 달리면서 물이 뚝뚝 흐르지는 않아요.

연료 전지에 수소가 들어가면 −극에 있는 촉매(백금)에 의해 수소 이온과 전자로 분리가 돼요. 그런데 연료 전지에 있는 막은 수소 이온만 통과하고 전자는 통과하지 못해요. 그래서 전자들은 외부 회로를 통해 +극으로 이동하게 되어, 전기 에너지가 발생하는 거죠. +극에서는 이동해 온 전자들이 수소 이온, 산소와 반응해 물을 만들게 돼요.

현재 수소를 이용한 연료 전지는 가격, 용량, 사용 시간이 많이 개선되고 있어요. 암모니아와 메탄올 연료 전지는 수소로 바꾸지 않고 직접 연료 전지에 사용할 수 있다는 장점이 있지만 독성이 있고, 연료 전지에서 전기가 생산되는 과정에서 이산화탄소가 발생한다는 문제가 있죠.

수소는 미래의 에너지 시스템에서 운송 수단 이외에도 연료나 재생 에너지로 생산된 전력을 저장하는 등 다양한 역할을 할 가능성이 높아요. 특히 〈IPCC 제6차 평가 보고서〉는 장거리 운송이나 항공 분야에서 일정 부분 도움이 될 것이라고 설명하고 있어요.

물론 제일 좋은 것은 승용차보다 대중교통을 이용하고, 대중교통보다 걷거나 자전거를 이용하는 거예요. 교통수단과 탈것은 길 위에 있습니다. 길에 묶여 있는 것이죠. 탈것이 바뀌려면 길이 바뀌어야 합니다. 길이 차가 아니라 사람에게 더 편리하고 안전하게 바뀌어야 차가 아닌 자전거 타기와 걷기를 선택할 수 있어요. 기술과 인프라가 함께 변화해야 하죠. 또 우리 문화도 달라져야 합니다.

북극의 바닷길이 열렸다는 소식을 듣곤 합니다. 여름철 바다 얼음이 줄어들면서 아시아와 유럽 간 이동 시간을 25~40%나 단축할 수 있는 새로운 항로가 생겼어요. 이 소식은 교과서에서 기후 변화의 긍정적인 사례로 소개되기도 하죠.

그런데 북극 바다 얼음이 사라지면 온난화는 양성 피드백 작용으로 증폭됩니다. 여기에 해상 운송량 증가로 대기 오염 물질이 유입되면 어떤 영향을 줄까요? 선박이 운행하며 배출하는 검댕으로 태양 에너지를 더 많이 흡수할 것이고, 수에즈 운하를 이용하던 선박이 북극해로 이동하면서 총배출량은 줄어들겠지만 탄소배출이 저위도에서 고위도로 이동할 것입니다.

이처럼 위도가 달라지면 지역 환경에 따라 구름, 강수량, 반사율 등 다른 변화도 발생해 북극 기후에 더 복잡한 영향을 줄 것입니다. 물론 전 지구의 기후도 따라서 영향을 받을 것이고요.

또 북극 해상이 열리면 외부 침입종이 늘고, 수중 소음이 증가하는 등 북극 해양 생태계에 영향을 줄 거예요. 보고서는 앞으로 수십 년 동안 북극 해역의 운송 활동 정책을 결정할 때 토착민의 의견을 반드시 반영해야 하며, 지역 환경 영향 조사와 모니터링을 실시해야 한다고 강조하고 있습니다.

운송 수단을 전기차로 바꾸는 것이 중요한가요? 배터리를 만드는 광물을 공급하는 데 문제는 없나요?

제3실무그룹 FAQ 10.1

다양한 운송 수단을 가능한 한 모두 전기로 바꿔야 합니다. 전기 자동차, 전기 오토바이, 전기 인력거(동남아, 아프리카 등에서 사용하는 운송 수단), 전기 버스, 전기 트럭 모두 전기로 움직일 수 있습니다. 현재 세계적으로 버스와 같은 대중교통 시스템의 전기화가 빠르게 진행되고 있습니다. 단, 공급되는 전기는 탄소를 적게 배출해 생산한 것이어야 합니다.

전기 자동차(전기 운송 수단 전체)를 낮에 운행하지 않을 때 송전과 배전을 하는 전력망(그리드)에 연결해서 작은 발전소처럼 활용할 수 있습니다. 그리드에 연결된 전기 자동차는 배터리에 저장된 전력을 전기 수요가 많을 경우 전송할 수도 있습니다. 밤이 되어 전력 수요가 적을 때 다시 배터리를 충전합니다. 스마트 충전 앱을 이용하면 전체 그리드에서 송전할 시점과 송전한 양 등을 실시간으로 파악해서 진행할 수 있습니다. 별도의 전력망을 깔지 않고도 스마트 앱에 연결된 모든 전기 자동차가 작은 발전소나 이동용 전력망 역할을 할 수 있습니다.

리튬 이온 배터리는 배터리 수명, 무게, 질량 대비 충전할 수 있는 양과 비용 면에서 우수합니다. 앞으로도 리튬 이온 배터리가 많이 이용될 것입니다. 리튬은 비교적 풍부한 편이고, 석유처럼 특정 지역에만 있는 것이 아니라 전 세계에 분포해 있어서 공급하는 데 크게 어렵지 않을 것입니다.

하지만 당연히 자원을 무한정 사용할 수는 없습니다. 리튬 광산 개발 과정에서 환경 파괴나 지역 사회와의 갈등이 일어나기도 합니다. 수명을 다한 폐배터리를 재활용할 수 있는 환경을 만들어 리튬 요구량을 줄여야 합니다. 그러기 위해서는 배터리 및 차량 내부의 배터리 장착과 관련된 설계를 표준화하고, 배터리 재활용이 가능하도록 해야 합니다.°

대형 운송 수단(장거리를 이동하는 트럭, 선박, 항공기)의 탄소배출을 줄이는 것은 어려운가요?

제3실무그룹 FAQ 10.2

국가와 국가를 이동하는 수출입 관련 운반 선박이나 비행기 같은 초대형 운송 수단은 현재까지 탄소배출을 없앨 수 있는 방법이 없습니다. 장거리를 이동하는 차량이나 선박은 크고 무겁습니다. 이런 운송 수단을 움직이기 위해서는 전력을 충분히 공급해야 합니다. 하지만 배터리 용량의 한계, 크기가 무한정 커질 수 없는 문제 등이 있습니다.

수소 연료 전지도 마찬가지 이유로 단거리 항공이나 선박에만 사용할 수 있습니다. 현재로는 적은 양의 석유를 사용해서 많은 일을 할 수 있도록 엔진의 에너지 효율을 높이는 것이 방법입니다.

또한 탄소배출량을 줄일 수 있는 대체 액체 연료의 연구도 필요합니다. 저탄소 에너지로 생산한 전력으로 물을 전기 분해해서 만든 수소에 기존에 포집한 이산화탄소를 합성하면 화석연료와 비슷한 합성 연료를 만들 수 있습니다. 물론 이 경우 연소하면 이산화탄소를 배출하지만, 원래 배출한 것을 다시 사용하므로 새롭게 이산화탄소를 배출하는 것은 아닙니다.

자라면서 탄소를 흡수하는 옥수수와 사탕수수 같은 작물을 발효해 알코올 액체 연료를 만들거나, 기름을 짤 수 있는 작물을 이용해 바이오 디젤 등을 만들 수도 있습니다. 하지만 이런 바이오 연료를 충분히 공급하려면 넓은 농토가 필요합니다. 당장은 전 세계 80억 인구의 식량을 재배하는 것이 먼저여야 합니다. 암모니아를 직접 화석연료 대신 사용하거나 암모니아에서 수소를 분해해 이용하는 방식도 연구 중입니다.◦

최근 '비행 어른'이 많이 늘고 있어요. "올해는 가볍게 이웃 나라에나 다녀오자" "오, 땡처리 티켓! 인생 뭐 있어. 또 가자"라면서요. 이런 여행 문화를 바꾸는 것도 필요합니다. 해외여행은 귀중한 경험이니까 꼭 필요한 곳에 의미 있게 다녀오는 문화를 만들어야 해요. 유럽에서는 국가 간 기차 여행이 가능하기 때문이기도 하지만 "비행기를 타는 것은 부끄러운 행동이다"라며 '플라이트 셰임 Flight Shame' 캠페인을 하고 있다고 합니다.

또 '나 홀로 차량'은 가능한 한 운행하지 않는 문화를 만들어야 해요. '따릉이'나 공유 차량 서비스처럼 이동 수단을 개인이 소유하지 않는 것도 바람직한 행동입니다.

바꿔야죠!
상품을 만들고 파는
산업을

에너지 부문 다음으로 탄소배출량이 많은 곳이 어디일까요? 2019
년 온실가스의 24%를 배출한 산업 부문이에요. 탄소배출 속도가
가장 빠르게 증가한 곳도 바로 산업 부문이고요. 그런데도 〈제3실
무그룹 보고서〉 11장에는 이 부문이 다른 부문보다 탈탄소화되는
속도가 느릴 것이고, 앞으로 수십 년 동안은 이러한 속도가 계속될
것이라고 나와 있어요. 왜 그럴까요?

산업 부문에서 현재 사용하고 있는 기술은 화석연료에 기반
한 것이에요. 화석연료를 사용하지 않거나, 어쩔 수 없이 사용하더
라도 온실가스를 배출하지 않는 기술과 설비로 바꿔야 해요. 아무
래도 전체 산업 공정에 새로운 기술을 적용하기 위해서는 시간이
필요할 거예요. 또 일부에서는 기존 산업 공정 자체를 폐지해야 하
는 경우도 있을 거고요.

하지만 탄소배출을 줄이는 속도가 느리다는 것이 배출을 줄일 수 없다는 말은 아니랍니다. 오히려 가장 많이 배출하는 곳이고, 계속해서 배출량이 증가하는 곳이기 때문에 더 집중해서 탄소배출을 줄일 수 있도록 속도를 내야 해요. 정부에서는 기업의 탄소배출 감축을 이끌어 낼 수 있는 정책을 적극적으로 시행해야 합니다.

〈IPCC 제6차 평가 보고서〉는 에너지와 원료 및 재료의 효율을 높이는 것과, 재활용률을 높여 순환 경제를 이루는 것이 산업 부문에서 순배출 제로를 달성하기 위해 중요하다고 설명하고 있어요. 또 화석연료 대신 전기를 사용하도록 공정을 바꿔야 하고, 일부에서는 수소 사용도 도움이 될 수 있다고 합니다.

산업 부문의 탄소배출을 줄일 수 있는 중요한 방법에는 어떤 것들이 있나요?
제3실무그룹 FAQ 11.1

산업 부문에서는 채굴, 생산, 판매, 폐기 등 전반에 걸쳐 다양한 온실가스가 발생하고 있습니다. 따라서 산업 부문의 탄소배출을 줄이려면 여러 가지 방법을 동시에 사용해야 합니다. 에너지 효율성을 높이고, 재료를 효율적으로 사용하고, 재료를 재활용하고, 생산 공정에 사용하는 에너지는 전기로 바꾸고, 필요한 경우 생산 과정에서 발생하는 이산화탄소를 포집·

활용·저장하는 방법이 있습니다. 재료 사용의 효율성을 높이거나 재활용률을 높이면 많은 에너지를 사용하는 1차 처리 과정을 줄일 수 있습니다.

또 에너지를 많이 사용하기는 하지만, 폐플라스틱을 분해해서 화석원료 대신 새로운 원료로 사용할 수 있습니다. 철을 제련하는 과정에서는 자연 상태의 산화된 철에서 산소를 제거하기 위해 사용하는 탄소로 이뤄진 코크스 대신 수소를 사용할 수 있습니다. (코크스의 탄소가 연소하며 철광석의 산소를 떼어내 이산화탄소가 됩니다. 하지만 수소를 사용할 경우 철광석의 산소와 결합해 물이 만들어집니다.) 시멘트 생산 과정에서 발생하는 이산화탄소는 포집·저장하거나 사용할 수 있습니다. (시멘트를 생산할 때는 생산되는 양과 거의 비슷한 양의 탄소가 배출됩니다. 탄산칼슘을 가열해 이산화탄소를 제거한 산화칼슘을 만들어 원료로 사용하기 때문입니다.) 산업 부문에서 탄소배출을 줄이는 과정에서는 전기 사용량이 늘고 많은 양의 수소도 필요하지만 재생 에너지를 사용해 보완할 수 있습니다.°

소설 《프랑켄슈타인》에는 두 명의 프랑켄슈타인이 등장해요. 한 명은 창조자이고 또 다른 한 명은 그의 피조물이에요.

빅터 프랑켄슈타인은 신의 영역인 생명 창조라는 신비를 세상에 밝히겠다는 욕망에 사로잡혀 피조물 프랑켄슈타인을 만들었어요. 하지만 스스로 만든 피조물의 모습에 공포를 느끼고는 그를 버리고 말았죠. 피조물 프랑켄슈타인은 사람을 살해하고 불을 지르는 등 악행을 저지르다 마지막 순간에 이런 말을 남기고 사라졌어요.

"나의 악행은 그토록 혐오스러운 고독을 내게 강요했기 때문에 생겨난 것이오!"

자신을 만들기만 하고 돌보지 않은 채 버려 재앙이 생겼다는 것입니다.

여러분, 이것은 무엇일까요? 이것은 변신의 귀재 괴도 뤼팽도 못 따라올 정도로 천재적인 변신술을 지니고 있어요. 말랑말랑한 슬라임이 되기도 하고, 강철을 대신할 만큼 튼튼한 것이 되기도 해요. 얼굴에 바르기도 하고, 멋있게 걸치기도 하며, 열에 강한 것도 있고, 탄력성이 뛰어난 것이 되기도 하죠. 습기에도 강하고, 땅속에서도 끄떡없이 500년을 버티는 슈퍼 능력자랍니다. 네, 플라스틱입니다.

세상은 피조물 플라스틱으로 지구상의 A부터 Z까지 모든 영역을 대체했어요. 그러고는 열광했죠. 만들고, 쓰고, 버리고, 또 버리고, 계속 버리고. 매년 약 800만 톤의 플라스틱 쓰레기가 바다로 들어가고 있어요. 가장 가난한 대륙 아프리카에서도 비닐봉지는 너무 흔해서 마른나무 가지에 꽃처럼 걸려 펄럭여요.

이제 그 피조물은 우리 몸속으로 들어와 신경계를 손상시키고 있어요. 태워도 맹독을 뿜어내며 다시 우리를 위협해요. 피조물 프랑켄슈타인의 '버려진 탓'이라는 고독한 독백과 무책임한 창조자 빅터가 생각나네요.

전 세계 플라스틱 생산은 지난 70년 동안 매년 8.4%씩 성장했어요. 다른 어떤 소재보다 성장률이 높아요. 현재 전 세계 플라스틱 생산량은 합성 섬유를 포함해 매년 4억 톤이 넘죠. 화석연료로 만들어지는 플라스틱의 생산량은 2035년까지 2배로 증가할 것이라고 하네요. 보고서는 플라스틱이 1970년 이후 수요가 가장 크게 증가하는 소재이며, 재활용률이 매우 낮아 석유 화학 공정에서 배출량을 줄이려면 반드시 해결해야 하는 과제라고 설명하고 있어요.

한편 철강 산업은 2019년 전 세계 산업 부문 배출량 전체의 20%를 차지했어요. 철을 만드는 과정에서는 에너지가 많이 들어요. 하지만 강철은 종이, 알루미늄과 함께 산업 부문에 사용하는 재료 중 재활용 가치가 매우 높아요. 더 적극적으로 재활용해야 하죠.

산업 부문에서 탄소배출을 줄이려면 비용이 많이 들지 않나요? 지속가능한 발전이 가능할까요?

제3실무그룹 FAQ 11.2

물론 비용이 많이 듭니다. 생산 과정에서 필요한 에너지를 전기로 바꾸고 시멘트·강철·플라스틱 생산 과정에서 발생하는 탄소를 포집·저장하는 데 많은 비용이 들어갑니다. 하지만 효율을 더욱 높이고 재료를 많이 재활용하면 그만큼 비용을 줄일 수 있습니다.

탄소배출을 줄이는 과정에서 높아진 비용이 소비자에게까지 영향을 주지는 않습니다. 소비자가 사용하는 최종 상품은 가전제품 하나, 탄산음료 한 병 등 전체 비용에서 차지하는 부분이 작기 때문입니다. 생활 수준이 매우 낮은 일부 저개발 국가는 지속가능한 발전을 위해 오히려 물질 사용량을 늘려야 하는 경우도 많습니다.

재료 효율과 에너지 효율, 재료 재활용률을 높이면 지속가능한 발전에 긍정적인 영향을 줍니다. 하지만 탄소 포집 저장 및 사용, 전기, 수소의 사용 증가는 지속가능한 발전에 긍정적·부정적 영향을 모두 끼칩니다. 따라서 조건과 상황에 맞게 신중하게 평가해서 결정해야 합니다.°

유럽에서는 콘크리트의 경우 가루로 만들어 시멘트 성분으로 활용하고 있어요. 지구는 물질로 이뤄졌다는 분명한 한계가 있는 행성입니다. 지구에서 자원을 뽑아내 제품을 생산하고 사용 후 쓰레기로 매립해 버리면, 지구의 한계에 한 발 더 다가가는 것입니다.

한 방향으로 흘러가는 자원 흐름의 종착지를 처음 시작하는 곳으로 돌려놓으면 어떨까요? 자원의 흐름을 추출–생산–사용–폐기라는 직선에서 빙글빙글 도는 원으로 만드는 것이죠.

최근에는 줄이고, 다시 사용하고, 다시 활용하는 3단계 순환 과정(Reduce, Reuse, Recycle)에 거절, 축소, 재판매·재사용, 수리, 재가공, 재생산, 용도 변경을 추가해서 더 촘촘한 순환 과정을 만드는 방법도 제안하고 있어요. 각종 행사마다 넘쳐 나는 공짜 사은품, 꼭 필요한 게 아니라면 정중하게 거절하는 것이 어떨까요? 자원을 새로 지구에서 꺼내지 말고 재활용 공장과 수리 서비스 센터를 세워서 일자리도 만들고 지구의 기온변화도 막고요.

화석연료와 불평등을 줄이는 똑똑한 세금과 제도가 필요해요

배출하는 온실가스에 가격을 매기는 방식은 어떨까요? 현재 배출하는 탄소에 해당 세금을 부과하거나 탄소배출권 자체를 거래하는 방식을 사용하고 있어요. 〈IPCC 제6차 평가 보고서〉는 2021년 전 세계에서 탄소에 가격을 매기는 것과 관련되어 시행 중이거나 법률로 정해져 시행이 예정된 것 중 35개는 국가 차원의 탄소세, 29개는 배출권을 거래하는 제도라고 설명하죠.

기업이 탄소세를 내지 않으려면 탄소배출을 줄여야 해요. 그러기 위해 기술 개발, 생산 공정 변경, 재료 재활용 등 적극적인 행동을 할 것입니다. 하지만 탄소 가격이 "그냥 내고 말지 뭐" "껌값이야"라고 할 정도라면 효과가 없을 거예요. 보고서는 위의 64개 중 톤당 가격이 40달러를 넘는 곳은 9군데뿐이라고 밝히고 있습니다.

화석연료 보조금도 문제예요. 국제통화기금(IMF) 보고서에 의하면 2022년 세계 각국이 화석연료 소비에 지급한 보조금이 7조 달러(약 9300조 원)나 된다고 하네요. 보고서는 화석연료에 제공되는 각종 보조금을 폐지하면 2030년까지 전 세계 배출량의 최대 10%까지 줄일 수 있다고 설명하고 있어요. 우리나라도 예외는 아니어서 녹색에너지전략연구소의 발표에 의하면 2024년 화석연료에 지급된 보조금이 재생 에너지에 지급된 보조금의 10배라고 해요.

하지만 주의할 것이 있어요. 2018년 12월, 고급 상점이 늘어선 파리의 샹젤리제 거리에서 불꽃이 치솟았습니다. 문화재인 개선문에는 현 프랑스 정부를 비난하는 낙서가 가득했죠. 일명 노란 조끼 시위가 벌어진 거예요. 프랑스 정부가 일종의 탄소세인 디젤유와 휘발유의 유류세를 인상한다는 계획을 발표했기 때문입니다.

파리 시내의 높은 집값 탓에 교외에서 출퇴근해야 하는 사람들은 당장 어려움을 겪게 되었죠. 대중교통이 발달한 대도시와 달리 자동차 이외에는 별 대안이 없는 지역에 거주하는 사람들도요. 유류세가 신설되면 소득 수준이 높은 상위 10%에나 하위 10%에나 동일하게 적용된답니다. 게다가 파리는 유류세 신설 전에 주식과 사치품(요트, 고급 차, 귀금속 등)에 부과하던 부유세를 없앴어요. 경제를 활성화한다는 취지로요.

이 외에도 다양한 요인이 노란 조끼 시위를 일으켰어요. 하지

프랑스의 노란 조끼 시위대
유류세 인상 계획에 반대하는 시민들의 모습. 이는 정부의 탄소세 정책 설계와 시행 과정에서 발생한 사회적 불평등에 대한 저항이었다.

만 핵심은 불평등이었어요. 탄소세도 필요하고, 화석연료 보조금을 없애는 것도 당연히 필요해요. 하지만 불평등을 심화하는 것이 아니라 불평등을 줄이는 똑똑한 정책을 실행해야 하지 않을까요?

인도네시아에서는 휘발유에 대한 보조금을 성공적으로 없앴다고 해요. 정부가 보조금 중단으로 생긴 자금을 이 제도로 어려움을 겪게 된 취약 계층 지원에 사용하고, 국민 전체를 대상으로 한 건강 보험 재원으로 사용해 국민을 설득할 수 있었다고 합니다. 디젤과 등유에 대한 보조금을 없애는 것은 앞으로의 과제입니다.

탄소세를 소득 수준에 비례해 적용하는 것은 어떨까요? 혹은 소득 수준에 상관없이 모든 사람이 배출할 수 있는 탄소량을 통일 하면요? 그래서 아주 적게 배출한 사람은 적정 수준의 삶의 질을 보장하고, 과도하게 배출한 사람은 초과한 만큼 확실하게 감축하게 하는 것이죠. 공평이라는 가치가 중심에 있지 않으면 아무리 좋은 정책이라도 실행하는 데 어려움이 있을 것입니다.

국제 무역 부문의 경우, 수입품이 국경을 넘을 때 그 제품의 생산 과정에서 발생한 탄소량에 해당하는 금액을 추가 부과하는 EU(유럽연합)의 탄소국경조정제도(CBAM)가 있습니다. EU 내 국가는 탄소를 배출하면 그만큼의 세금을 내야 해요. 제품 가격이 올라가니 산업체가 세금을 내지 않는 다른 나라로 공장을 옮겨 버리는 일이 생겼죠. EU 내 산업은 어려운데 세계적인 탄소배출량은 줄지 않은 것입니다.

그래서 다른 나라에서 수입할 경우 그 제품의 탄소배출량을 증명하고 그만큼 돈을 추가로 내는 제도를 시행하게 되었어요. 만약 제품 생산 국가에서 이미 탄소배출에 해당하는 세금을 냈다면 그만큼 줄여 줍니다. 탄소 가격은 EU 가격을 기준으로 정하고요.

이 정책의 시작 단계는 탄소를 많이 배출하는 철강, 시멘트, 전기, 비료, 알루미늄, 수소 등으로 한정하고 있어요. 탄소배출도 공장에서 직접 제품을 생산하는 과정에서 배출하는 것만 우선 대상입니다. 하지만 앞으로는 대상 품목이 플라스틱 등으로 범위가 확대되고, 제품 생산 과정에서 사용하는 전기도 탄소배출에 따라 추가 비용을 내야 한다고 해요.

우리나라는 세계 3~4위의 철강 수출 강국입니다. 우리나라에서 철강을 생산할 때 탄소 비용을 제대로 내지 않았다면, 우리나라 철강을 수입하는 EU 내 기업이 추가로 탄소 비용을 내야 하니 당연히 한국 제품을 피하겠죠.

그러니 철강 생산 과정에서 탄소배출을 줄이는 것이 시급해요. 사용하는 전기도 앞으로는 탄소배출량으로 계산되니 저탄소 에너지원을 사용해야 하고요. 국내에서 배출하는 탄소 가격이 제대로 책정된다면 산업 부문에서 탄소배출을 줄이는 데도 도움이 되고, 우리나라 철강을 수출할 때도 어려움을 겪지 않게 될 거예요.

타오르는 불씨들

뻔한 이야기에 대한
최신 과학의 답변

02

왜 1.5도 이내로
제한해야
하나요?

뜬금없는 질문 같지만, 왜 기후변화 목표를 1.5도로 정했을까요?

불꽃이 타오르는 모양을 닮아 '타오르는 불씨'라는 별칭으로 불리는 '우려 요인' 그래프가 있어요. 기후변화로 인해 특히 우려되는 요인의 위험 정도가 온도 변화에 따라 어떻게 변하는지 나타낸 막대그래프(88페이지)예요. 막대그래프 색이 노란색에서 붉은색, 보라색으로 점점 변하며 위험 정도를 나타내고 있어요.

1번 우려 요인은 산호초, 북극과 그곳에 거주하는 원주민, 산악 빙하, 생물 다양성이 염려되는 지역 등 독특한 특성으로 인해 기후가 변했을 때 위험이 큰 생태계와 인간 사회를 나타내요. 2번 우려 요인은 폭염, 폭우, 가뭄, 산불, 해안 홍수 같은 기상 이변으로 인해 사람의 건강·생계·재산상 피해와 생태계가 받는 위험을 보여 줍니다. 3번 우려 요인은 같은 기후변화 조건이라도 피해를 더

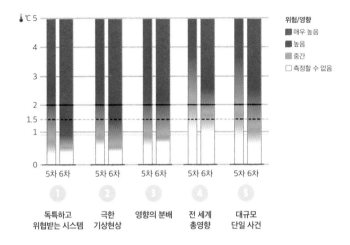

〈종합 보고서〉 섹션3 그림3.3a

위험/영향
■ 매우 높음
■ 높음
■ 중간
□ 측정할 수 없음

	5차 6차	5차 6차	5차 6차	5차 6차	5차 6차
	① 독특하고 위협받는 시스템	② 극한 기상현상	③ 영향의 분배	④ 전 세계 총영향	⑤ 대규모 단일 사건

〈제5차 평가 보고서〉와 〈제6차 평가 보고서〉에서 전 세계 우려 요인 비교
〈제6차 평가 보고서〉가 〈제5차 평가 보고서〉보다 우려 요인들의 위험이 높아진 것으로 평가한다.

많이 입는 국가와 지역 사회 등을 나타냅니다. 4번 우려 요인은 세계의 금전적 피해, 전 지구적인 생태계 및 생물 다양성 피해를, 5번 우려 요인은 기후변화로 인해 규모가 큰 시스템이 갑작스럽고 때로는 돌이킬 수 없는 변화를 겪는 것을 설명하고 있어요. 예를 들면 그린란드와 남극 빙상이 붕괴하는 사건이죠.

'타오르는 불씨' 그래프를 보면 1.5도일 때와 2도일 때 위험 정도가 달라요. 1.5도일 때는 5개 우려 요인 중 2개 정도만 위험이 '높음' 수준인데, 2도일 때는 4번 우려 요인을 빼고는 모든 영역의

위험이 '높음' 이상입니다. 특히 1번에 속한 산호초는 2도면 99%
이상이 사라지고, 1.5도라고 해도 70~90%가 사라진다고 합니다.
그래서 기온변화를 막는 목표가 2도면 안 되는 것입니다.

〈지구온난화 1.5도 특별 보고서〉에서는 〈제5차 평가 보고서〉
의 '타오르는 불씨' 그래프를 가져와 사용했어요. 이번 보고서에서
는 '타오르는 불씨' 그래프가 〈제5차 평가 보고서〉와 같은 온도인
데도 위험 정도를 더 높게 평가하고 있네요.

눈에 보이는 미세먼지와 보이지 않는 온실가스

새봄이 왔는데, 쨍하게 맑은 하늘보다는 뿌연 날이 많아 꽃이 꽃답게 화사해 보이지 않던 봄날을 기억하나요?

겨우내 얼어붙어 꼼짝 못 하던 황토 모래가 땅이 녹자 저기압에 쓸려 높이 올라가 편서풍을 따라 비행하다 우리나라에도 도착합니다. 그 바람을 따라 미세먼지도 함께 도착해요. 미세먼지의 주요 성분은 바람이 산업 단지를 통과하며 함께 섞여 버린 아주 작은 크기의 오염 물질과 이 오염 물질이 햇빛과 반응해 다시 변신한 황산염, 질산염 등입니다. '미세먼지 나쁨' 경고로 신나는 체육 시간이 사라지고 다시 답답한 마스크를 쓰고 다닌 적이 있을 거예요.

어떤 때는 사람들이 기후변화보다 미세먼지를 더 걱정하는 것 같아요. 온실가스와 미세먼지 중 무엇이 더 나쁜지 줄 세워 보자는 것은 아닙니다. 기후변화를 일으키는 온실가스가 눈에 보이지 않기 때문에 덜 심각하게 느끼는 것은 아닌가 안타까움이 들어서요.

유엔기후변화협약을 맺은 지 30년이 훌쩍 넘었어요. 그런데 아직도 막 걸음마를 뗀 것 같은 국제 사회의 노력이 안타까워요. 차라리 '온실가스가 눈에 보인다면'이라는 생각을 해 봅니다.

온실가스에는 어떤 것이 있고, 어디에서 발생하는 건가요?

제3실무그룹 FAQ 1.2

대표적인 온실가스로는 이산화탄소, 메탄, 아산화질소, 불소화 온실가스들이 있습니다. 이산화탄소는 온실가스 중에서 가장 영향력이 큰 기체입니다.

온실가스 대부분은 매우 수명이 깁니다. 수명이 가장 긴 것은 일부 불소화 온실가스인데, 수만 년까지도 대기에 안정적으로 머무는 것이 있습니다. 다행히 불소화 온실가스는 배출량이 적죠. 이산화탄소 배출량 중 약 64%가 화석연료를 연소하는 과정에서 발생합니다. 화석연료를 태워서 전기를 생산하는 발전소 보일러, 항공기나 자동차 엔진, 가정의 조리와 난방 과정 등을 통해서 배출되고 있습니다.

1997년 교토의정서에서 정한 주요 온실가스

두 번째로 지구온난화의 큰 원인 물질인 메탄은 그 자체가 화석연료인 천연가스 성분입니다. 따라서 기후변화를 막기 위한 가장 확실한 해결책은 화석연료 사용을 멈추고 채굴을 중단하는 것입니다.

하지만 화석연료만 사용하지 않는다고 온실가스가 발생하지 않는 것은 아닙니다. 화석연료 외에 토지 관련 활동에서도 온실가스가 나옵니다. 농업 관련 분야에서는 메탄과 아산화질소가 발생하고, 숲이 파괴되는 과정에서 이산화탄소가 배출됩니다. 산업 공정에서는 이산화탄소, 아산화질소, 불소화 온실가스 등이 발생합니다. 도시 폐기물을 매립하는 쓰레기 매립지나 폐수에서는 메탄이 배출됩니다. 이 외에도 화석연

료가 불완전하게 연소해서 발생하는 에어로졸인 검댕도 온실 가스입니다. ⏺

대기에 짧은 기간 머물면서 기후변화를 일으키는 물질은 무엇인가요? 기후에는 어떤 영향을 주나요?

제1실무그룹 FAQ 6.1

상대적으로 짧게 머물며 지구온난화를 일으키는 온실가스가 있습니다. 오존은 몇 주 정도, 메탄은 약 12년, 불소화 온실가 스 중 하나인 수소화불화탄소는 20년 정도 머뭅니다. 가스가 아닌 에어로졸 상태로 지구 온도를 올리는 검댕은 며칠 정도 면 사라집니다. 평균 200년인 이산화탄소나 평균 100년인 아 산화질소에 비하면 수명이 매우 짧습니다.

또 온난화가 아니라 지구 온도를 낮춰 냉각화를 일으키는 물질도 있습니다. 질산염, 황산염, 유기 에어로졸 등은 태양 복사 에너지가 흩어지며 방향을 바꾸게 해서 지표를 데우지 못하도록 합니다. 이 물질들의 수명은 수일 정도로 매우 짧습 니다.

이렇게 온난화나 냉각화를 일으키며 단명하는 기후변화 물질은 자연적으로 발생하기도 하고, 농업이나 석유·천연가스 채굴 과정에서도 나옵니다. 특히 화석연료를 연소하는 과정에서는 장수하는 온실가스와 단명하는 기후변화 물질 모두를 배출합니다. 검댕의 경우 빙하나 눈 위에 쌓이면 표면이 어두워지기 때문에 태양 에너지를 더 많이 흡수합니다. 따라서 빙하를 더 빨리 녹여서 그 지역의 기온을 빠르게 올리기도 합니다.

단명하는 온실가스 중에서 비교적 수명이 긴 메탄, 수소화불화탄소 가스는 어느 국가에서 배출하더라도 지구 전체에 고루 퍼질 만큼 충분한 수명을 가지고 있습니다. 하지만 수명이 수일 정도로 매우 짧은 가스는 지역별로 다른 영향을 받습니다. 남아시아·동아시아 지역에서 수명이 수일 정도인 에어로졸의 농도가 지역마다 달라 기상변화가 일어난 것으로 분석되었죠.

기후변화 억제와 대기질 개선은 어떤 관계가 있나요?

제1실무그룹 FAQ 6.2

대기를 오염시키는 가스는 온실가스와 달리 대부분 매우 짧은 기간에 영향을 줍니다. 많은 배출원이 이산화탄소와 미세먼지를 만드는 대기 오염 물질을 동시에 배출합니다. 따라서 대기 오염과 기후변화에 관한 연구와 정책은 함께 진행되어야 합니다. 디젤 차량이 내뿜는 검댕을 규제하고, 농업 폐기물을 태우는 것을 막고, 새어 나가는 메탄을 막으면 대기 오염도 잡고 기후변화도 완화하는 원원win-win 정책입니다.

하지만 한쪽에는 도움이 되나 다른 쪽은 악화되는 것도 있습니다. 목재를 화력 발전에 이용하면 나무가 광합성으로 대기 중에서 제거한 이산화탄소가 대기 중으로 다시 풀려납니다. 따라서 대기 중에 이산화탄소를 추가로 배출하는 것은 아닙니다. 하지만 나무가 연소하면 일산화탄소, 질소 산화물, 휘발성 유기 화합물 등 대기 오염 물질을 많이 배출하기 때문에 해당 지역 기후, 건강 및 생태계에 악영향을 미칩니다.

또 화력 발전소, 공장, 선박 등에서 배출하는 이산화황을 줄여 황산염 에어로졸이 줄면 대기 오염도 줄어들지만, 황산염 에어로졸이 햇빛을 차단해 대기를 냉각하는 역할이 줄어들어 상대적으로 지구온난화가 일어납니다.

대기질과 기후변화는 동전의 양면 같습니다. 따라서 하나만 완화하고 다른 하나를 악화하는 정책을 피하고, 두 문제를 함께 해결하는 것이 시간도 절약하고 경제적 이익도 얻는 방법입니다.

이런, 미세먼지를 줄이면 지구 기온이 올라가겠네요. 그렇다고 미세먼지를 줄이지 않으면 건강에 악영향을 주고요. 1750~ 2019년 사이에 발생한 미세먼지는 이산화탄소가 지구 온도를 올리는 것에 발목을 잡아 기온 상승을 절반이나 막았다고 합니다. 이산화탄소는 지구 온도를 올리는 힘이 약한 편이거든요. 그런데 대기 중에 오랫동안 안정적으로 머물고 양도 매우 많아서 전체적 영향이 큰 것이죠.

반대로 메탄은 단명하지만 지구 온도를 올리는 힘을 같은 질량으로 비교하면 이산화탄소에 비해 상당히 큽니다. 100년을 기준으로 했을 때 이산화탄소의 약 28배예요. 만약 비교 기간을 20년으로 줄이면 훨씬 크겠죠. 약 80배나 되니까요.

그렇다면 힘은 센데 단명하는 가스를 집중적으로 관리하면 급한 대로 지구 기온이 오르는 것을 빠르게 막을 수 있지 않을까요? 그래서 2021년 국제메탄서약이 나왔답니다. 화석연료를 채굴하는 과정에서 새어 나가는 것만 막아도 화석연료에서 배출되는 메탄의 절반 가까이 줄일 수 있거든요. 물론 축산업이나 벼농사 등에서도 줄여야겠지만, 이 부분은 식량 생산과 음식 문화와 관련되어 있어 시간이 좀 걸릴 듯합니다.

메탄은 대기 오염 물질이면서, 지구 기온을 올리는 오존을 만들어 내는 물질이랍니다. 메탄 배출을 억제하면 윈윈할 수 있습니다. 기온이 올라가는 것도 막고, 대기 질도 개선하고요.

기후변화는
온실가스의
1인극일까요?

지구 기온은 온실가스가 단독으로 끌어 올리는 게 아니라 보이지 않는 손이 함께 끌어 올린다는 거 아세요?

북극점은 바다 한가운데에 있어요. 물론 북극점에 가면 넓은 바다가 보이지 않아요. 바다 위에 얼음이 떠 있기 때문이에요. 북극에 여름이 오고 기온이 올라가면 바다 얼음이 녹습니다. 이제 좀 더 넓은 바다가 모습을 드러냅니다. 이렇게 겨울에 바다 얼음 면적이 넓어지고 여름에 줄어드는 것은 자연스러운 현상이에요.

그런데 온실가스가 증가해 지구 기온이 상승하면 북극의 바다 얼음이 평년에 비해 더 많이 녹을 거예요. 지금부터가 문제예요. 북극 바다 위의 얼음은 태양 복사 에너지를 최대 90%가량 반사할 수 있어요. 마치 거울 같죠. 얼음이 녹고 나서 드러나는 바다는 반대로 태양 복사 에너지를 최대 90% 이상 흡수해요. 이제 더 많은 얼음이 녹을 거예요. 더 많은 얼음이 녹으면 더 많은 태양 에너지를 흡수하고, 다시 더 많은 얼음이 녹고, 다시 더 많은 태양 에너지를 흡수해 온도를 올립니다. 이러한 과정을 양성 피드백이라고 해요. 북극의 바다 얼음을 둘러싼 기후 시스템이 스스로 작동하며 그 영향을 점점 더 강하게 증폭하는 것입니다.

물론 피드백이 거꾸로 일어나는 경우도 있어요. 변화를 줄여주는 음성 피드백 작용이죠. 하지만 현재의 기후변화 상황에서는 지구 기온을 올리는 양성 피드백이 더 많이 일어나고 있어요. 기후 시스템의 피드백이 지구 표면 기온변화에 영향을 준다는 것은 이전부터 알았지만, 어떤 피드백이 얼마만큼 일어날지 여전히 불확실한 부분이 있어요. 미래의 기온 상승 정도를 정확하게 예측하는 것이 어려운 이유 중 하나랍니다.

스반테 아레니우스Svante Arrhenius는 1896년 〈대기의 탄산(이산화탄소)이 지면 온도에 미치는 영향〉이라는 논문을 발표했어요. 대기에 이산화탄소가 늘어나면 지구 복사 에너지인 적외선을 흡수해서 지구 기온이 올라간다는 것은 이미 알려진 사실이었죠.

그는 이산화탄소가 태양 복사 에너지를 얼마나 흡수하는지, 지구 기온이 올라가 늘어난 대기 중 수증기가 지구 기온을 얼마나 더 올리는지 계산했어요. 당시에는 컴퓨터가 없었던 탓에 아레니우스는 손으로 일일이 계산했고, 거의 1년간 1만 번이 넘게 계산해서 결과를 얻었다고 해요. 결국 그는 이산화탄소가 2배 증가하면 약 5~6도 상승한다고 발표했어요. 당시에 지구 기온이 올라가는 것은 인류에게 발전한 삶을 보장해 주는 장밋빛 상상이었죠. 그는 논문을 발표한 해 어느 강연에서 이렇게 말했어요. "여러 세대가 흘러야 하겠지만, 우리 후손은 지금 우리보다 더 온화한 하늘과 덜 척박한 환경에서 살 것이라는 즐거운 믿음이 생긴다."

아레니우스가 이런 장밋빛 꿈을 꿀 수 있었던 이유는 기온이 올라가 고위도 지역이 더 살기 좋은 환경이 될 것이고, 당시 사용하는 석탄량 정도라면 약 3000년 뒤에나 대기 중 이산화탄소가 50% 늘어날 것이라는 소박한 예측 탓이었어요.

그런데 200년도 안 되어서 50%가 늘어 버렸네요. 아레니우스의 장밋빛 꿈이 악몽으로 바뀐 이유는 성장을 향해서 돌진한 인류의 '생각이 짧은 노력' 때문이었죠. 이곳저곳에서 일어나는, 제대로 알아채지 못한 기후 시스템의 양성 피드백 작용이 기후를 불안하게 흔들며 미래를 더욱 불확실하게 하고 있네요.

평형기후민감도란 무엇인가요? 이것은 앞으로의 온난화와 어떤 관계가 있는 건가요?

제1실무그룹 FAQ 7.3

평형기후민감도는 이산화탄소 농도가 산업화 이전보다 2배 증가할 때 일어나는 지구온난화 정도입니다. 기후 모델에서 지구 기온변화 예측이 불확실한 대부분 이유는 이 평형기후 민감도가 불확실하기 때문입니다.

지구의 기온변화는 이산화탄소 농도에 의해서만 결정되는 것은 아닙니다. 대표적으로 피드백 과정이 있습니다. 예를 들어 북극 온난화에 의해 바다 얼음이 녹으면 얼음보다 어두운 북극 바다가 드러나 더 많은 태양광을 흡수해 온난화가 커집니다. 피드백 과정이 없을 때보다 결과가 더 증폭되어 커진 것입니다.

이번 〈제6차 평가 보고서〉에서는 이런 피드백 과정 등이 기후 모델에 반영되었습니다. 또한 2만 년 전 마지막 빙하 시대 중 기후가 온실가스 농도와 평형 상태에 있었던 시기의 기후 증거나 현대의 기후 모델과 실제 관측 데이터를 비교 분석하는 방법으로 불확실한 부분이 많이 해결되었습니다. 보고서는 평형기후민감도가 2~5도일 가능성이 매우 높다고 결론을 내렸습니다.◉

더워지는 기후에서 구름은 어떤 역할을 하나요?

제1실무그룹 FAQ 7.2

특별한 경우가 아니면 지구 표면의 약 2/3를 구름이 덮고 있습니다. 구름은 아주 작은 물방울과 얼음 알갱이로 이뤄져 있습니다. 소금기, 먼지, 매연 등 에어로졸 주변에 물방울이 엉겨 붙으며 구름을 이루는 알갱이가 커집니다. 고도가 높아 온도가 매우 낮으면 얼음 알갱이에 주변 수증기가 달라붙어 크기가 커지기도 합니다.

구름은 지구 에너지가 들어오고 나가는 데 중요한 역할을 합니다. 그런데 구름이 높이 떠 있을 때와 낮은 곳에서 생길 때 에너지 출입이 사뭇 다릅니다. 낮은 곳에서 생긴 구름은 대체로 지구로 들어오는 태양 에너지를 우주로 반사해서 냉각 효과가 일어납니다. 반대로 높은 곳의 구름은 지구 복사 에너지가 우주로 나갈 때 일부를 흡수했다가 지면이나 우주로 다시 내보냅니다. 낮은 곳의 구름은 거울처럼, 높은 곳의 구름은 담요처럼 다른 역할을 하는 것입니다. 두 영향을 합하면 거울 역할이 더 크기 때문에 현재 기후에서 구름은 지구를 냉각시킨다고 볼 수 있습니다.

그런데 산업이 발달하면서 몇몇 조건이 바뀌고 있습니다. 대기 중에 미세먼지 같은 에어로졸 알갱이양이 늘었습니다. 온실가스 배출량이 늘어나면서 지구가 온난해졌습니다. 이로 인해 구름이 생기는 높이, 구름양, 구름을 이루는 물과 얼음양이 달라졌습니다. 이것이 지구 온도 변화에 영향을 줍니다.

물론 구름이 생기는 데는 여러 환경적 요인이 작용하기 때

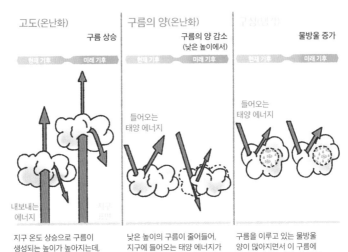

기후 온난화에서 구름의 역할
구름과 기후변화는 서로 영향을 주고받는다. 전체적으로는 구름이 앞으로 온난화를 더 증폭할 것으로 예상된다.

문에 딱 잘라서 지구온난화 때문에 어떤 구름이 생긴다고 하기는 어렵습니다. 하지만 몇 가지는 분명합니다.

예를 들어 아열대 바다에서는 낮은 구름양이 줄어들고 높은 구름은 더 높아졌습니다. 담요 역할을 더 많이 하니 지구 온도가 더 올라갈 것입니다. 또 고위도 지역의 구름 속 얼음 알갱이는 줄어들고 물방울이 많아졌습니다. 크기가 얼음 알갱이보다 작아지고 더 많아진 물방울은 더 많은 양의 태양 복사 에너지를 반사합니다. 이로 인해 지구 기온이 내려갑니다.

하지만 전체적으로는 냉각 효과보다 담요 효과가 더 많을 것으로 분석합니다. 지구온난화 탓에 구름으로 인한 피드백 효과는 지구 온도를 높이는 경우가 더 많다는 것입니다. 더 높아진 지구 온도는 다시 구름을 변화시키고, 다시 지구 온도가 올라가는 증폭 현상이 일어납니다. 구름은 양성 피드백 작용으로 지구 기온을 더 올릴 것입니다.

자연의 탄소 흡수 능력이 점점 약해지고 있나요?

제1실무그룹 FAQ 5.1

우리가 배출하는 이산화탄소 중 약 절반은 대기 중에 남아 있고, 나머지는 바다와 땅에 흡수됩니다. 인간에 의한 영향이 없다면 이렇게 흡수된 탄소는 오랫동안 그곳에 머물다가 다시 여러 과정을 통해 순환할 것입니다. 이것을 탄소 순환이라고 합니다. 이러한 탄소 순환 덕에 대기 중 이산화탄소 농도가 절반이나 줄어 실제 온실가스 배출량보다 지구온난화가 약해졌습니다.

2010~2019년 이산화탄소 배출량의 31%는 육지가, 23%는 해양이 흡수했습니다. 과거 60년 동안 인간 활동에 의한 이산

화탄소 배출량은 계속 증가했지만, 대기 중에 새롭게 누적된 양은 배출된 이산화탄소의 약 44% 정도로, 그 비율이 안정적으로 유지되었습니다. 그동안 해양과 육지의 이산화탄소 흡수량도 함께 증가했기 때문입니다.

육지에서 흡수한 이산화탄소는 주로 광합성을 통해 식물과 토양에 축적됩니다. 기후가 변화하면 일부 추운 지역이 따뜻해지며 식물의 생장 기간이 길어질 것입니다. 따라서 광합성량이 늘어나 탄소 흡수량도 늘어날 것입니다.

이처럼 대기 중 이산화탄소가 증가하면 일정 정도까지는 식물이 더 잘 자라 이산화탄소 흡수량이 늘 수 있습니다. 하지만 기온이 올라가면 토양 내 유기물 분해가 활발해지고, 산불 등으로 숲이 훼손되어 이산화탄소가 대기로 방출됩니다. 극심한 가뭄, 폭염, 영구동토층이 녹는 현상으로도 육지의 탄소 흡수는 감소할 것입니다. 종합적으로는 기후변화가 진행되면서 토양의 탄소 흡수가 약해질 것입니다.

바다에서는 표면에 용해된 이산화탄소가 깊은 바다로 운반되어 수십 년 혹은 수백 년 동안 그곳에 머뭅니다. 해양에서 이산화탄소를 흡수하는 정도는 여러 요인으로 결정됩니다. 대기와 해양 표면 사이의 이산화탄소량이 만들어 내는 압력 차이, 표면에서 부는 바람의 정도, 바닷물의 화학적 성분, 식물성 플랑크톤에서 일어나는 광합성 등이 해양의 이산화탄소 흡수량을 조절합니다. 이러한 요인과 기후변화로 인한 표층 해수의 온도 상승 효과가 결합하며 결과적으로 해양에서 탄소 흡수가 약화될 것입니다.

미래 예측 시나리오 중 높은 온난화가 일어날 것으로 예상되는 경우 기후변화가 진행됨에 따라 해양과 육지 흡수원에 점점 더 큰 영향을 끼쳐서 21세기 후반에는 해양과 육지의 탄소 흡수량이 더 늘지 않을 것으로 예상합니다. 관측에 의하면, 대기 중 이산화탄소량이 늘어나고 기온이 올라감에 따라 자연의 이산화탄소 흡수 능력이 줄어드는 방식으로 반응하기 시작했습니다.

미래의 지구 온도 변화를 예측하는 것은 매우 복잡하고 어려운 수학 문제와 같아요. 지구 시스템을 수백 개의 물길과 풀pool이 있는 거대한 워터 파크라고 생각해 봐요. 각 풀에 있는 물은 서로 다른 속도와 방향으로 흐르고 온도도 달라요. 한 풀의 변화가 다른 모든 풀에 영향을 주죠. 이런 상황에서 내가 있는 풀에 흐르는 물의 속도가 달라지면 다른 모든 풀이 어떻게 달라질지 계산해 내는 거예요.

1차 방정식도 쉽지 않은데, 기후를 연구하는 과학자들은 여러 기후 모델을 만들어 보다 정확하게 예측하기 위해 애쓰고 있어요. 일반적인 전 지구 기후 모델에 사용한 코딩을 텍스트 파일로 출력하면 1만 8000여 페이지나 되고, 이렇게 긴 코딩으로 준비한 기후 모델을 돌리는 데는 테니스장만 한 슈퍼컴퓨터가 필요하답니다. 그런데도 여전히 불확실성이 남는 이유는 그만큼 기후가 복잡한 시스템의 무수한 상호 작용이 만들어 내는 현상이기 때문이겠죠.

하지만 분명한 것은 기후 시스템의 탄소 순환 변화가 기후변화에 주요한 영향을 주고 있고, 현재 지구 온도가 계속 상승하고 있으며, 복잡한 지구 기후 시스템과 연결된 작동 버튼을 누른 것이 인간이 과도하게 배출하는 온실가스라는 점입니다. 이를 거꾸로 해석하면, 온실가스 배출을 줄여 작동 버튼을 더 이상 누르지 않는 것도 인간에 의해 가능하다는 거죠. 〈IPCC 제6차 평가 보고서〉에서 사회 경제적 경로로 미래 시나리오를 예측하는 것도 이러한 이유 때문입니다. 우리의 사회 경제적 정책에 따라 기후변화의 피해를 완화하는 효과를 만들어 낼 수 있습니다.

흔들리는
티핑 요소들

〈IPCC 제6차 평가 보고서〉는 기온이 변화하는 속도에 비례해 기후 시스템이 반응하고 있다고 정리합니다. 하지만 일부 요소는 돌발적으로 급격하게 변해 버릴 가능성이 있다고 염려하고 있죠. 보고서에서는 '시스템이 갑작스럽게 되돌릴 수 없도록 되어 버리는 특정 문턱 값'을 티핑 포인트라고 정의해요. '버스가 떠나 버리는 상황'이 발생하는 어떤 지점이 있다는 것이죠.

보고서 이전에 여러 기후 과학자는 이러한 돌발적 변화, 돌이킬 수 없는 변화를 걱정해 왔어요. 서남극 빙상 붕괴, 영구동토층 북부 구역의 융해, 열대 우림 파괴, 대서양 자오선 역전 순환 해류의 붕괴, 저위도의 산호초 폐사, 겨울 북극 바다 얼음이 사라지는 것, 그린란드 빙상 붕괴 등 10개가 넘는 염려스러운 티핑 요소가 언급되고 있었습니다. IPCC는 이처럼 느리게 진행되는 변화 중 몇

몇은 인간이 알아챌 수 있는 시간 규모 내에서 이미 돌이킬 수 없을 것으로 보인다고 말했어요. 깊은 바다 온도의 상승, 바다의 산성화, 해수면 상승 등입니다.

영구동토가 녹으면 지구온난화가 더 빨라지나요?

제1실무그룹 FAQ 5.2

북극은 지구에서 가장 기후에 민감한 지역입니다. 게다가 가장 큰 탄소 저장소입니다. 영구동토층에는 현재 대기에 있는 탄소량보다 2배나 많은 탄소가 저장되어 있습니다. 북극 지역은 온도가 가장 빠르게 올라가고 있는 곳입니다. 이로 인해 북극 지역 영구동토층의 온실가스가 대기로 방출되어 기후변화가 크게 증폭할 수 있다고 염려하는 연구들이 있습니다.

영구동토층에는 죽은 식물이 얼어붙은 토양에 묻혀, 분해되지 않고 수천 년 동안 계속 쌓여 있습니다. 북극이 따뜻해져 동토층이 녹으면 토양 내 유기물이 빠르게 분해되어 온실가스를 방출할 것입니다. 이때 방출되는 온실가스는 이산화탄소나 메탄입니다.

어떤 지역에서는 영구동토층이 다른 곳보다 빠르게 녹을 수 있습니다. 예를 들어 영구동토층 내부에 있는 얼음이 녹아

부피가 줄어들고 땅이 꺼지면 그곳에 물이 고입니다. 그렇게 호수가 만들어진 뒤 물이 빠져나가면 이 물에 의해 동토층이 더 많이 녹을 수 있습니다. 또 화재가 발생한 지역의 동토층은 열을 차단하는 역할을 하던 식물이 없어지면 더 빠르게 녹을 수 있습니다. 북극 전 영역에 있는 깊이 3m 이내 영구동토층은 지구온난화가 2~4도 사이면 녹을 것으로 예측합니다.

그런데 영구동토층에 대한 관측 자료가 충분하지 않아, 이전 기후 모델에는 영구동토층 변화를 포함하지 못했습니다. 최근 개발된 모델에 포함하기 시작해, 부족하지만 예측할 수

녹아서 떨어진 알래스카 북극 해안의 영구동토층
영구동토층은 2년 이상 토양 온도가 영하로 유지되는 토양층을 말한다. 여름철에는 윗부분이 녹아 풀과 이끼가 자란다.

있게 되었습니다. 그에 따르면 지구 온도가 1도씩 오를 때마다 방출되는 이산화탄소량과 메탄양을 이산화탄소로 환산하면 140억~1750억 톤이라고 합니다.

비교를 위해 예를 들면, 2019년 인간 활동으로 인해 약 400억 톤의 이산화탄소가 대기 중으로 방출되었습니다. 영구동토층에서 배출될 수 있는 온실가스는 유엔기후변화협약 목표 온도를 유지하기 위한 탄소예산을 줄일 정도로 강력한 영향을 줄 것입니다.

하지만 영구동토층이 녹아내리는 현상이 지구온난화를 폭주하게 하는 티핑 포인트로 작용할 만큼 크지는 않다고 예측하고 있습니다. 그럼에도 분명한 것은 온난화에 따라 영구동토층의 온실가스 배출이 지속적으로 증가하고, 수백 년 동안 계속될 것이라는 점입니다.

영구동토층은 산악 지역에서도 발견되지만, 북극과 비교하면 저장된 탄소량이 훨씬 적습니다. 해저에도 얼음 분자 안에 갇혀 있는 메탄 분자가 있습니다. 이것을 메탄 수화물이라고 합니다. (한때 불타는 얼음으로 불렸습니다.)

메탄 수화물은 마지막 빙하기 이후 빙하가 녹으면서 해수면이 상승할 때 얼어붙은 토양 위로 바다가 생기며 만들어졌습니다. 이러한 해저의 메탄 수화물도 녹으면서 메탄을 방출할 수 있습니다. 하지만 지구온난화의 영향이 해저 퇴적층에 미치기까지는 수천 년의 시간이 걸리기 때문에 바닷속 메탄 수화물이 일부 불안정해질 수는 있지만, 메탄이 발생하는 양은 매우 적을 것입니다. 또 일부 메탄 수화물이 녹아 메탄을 방출하더라도 바다를 통과해 대기로 나오는 동안 바다에서 이산화탄소로 변할 것으로 예상합니다.

결론적으로 말하면, 이제 막 기후 모델에서 영구동토층의 관측 자료를 반영할 수 있어 정확한 예측은 어렵습니다. 하지만 지구온난화가 진행되면서 영구동토층에서 방출하는 온실가스양은 점점 증가할 것입니다. 그 양은 탄소예산에 영향을 줄 정도로 클 것입니다.◉

멕시코 만류가
완전히 멈출까요?
제1실무그룹 FAQ 9.3

멕시코 만류는 북대서양에서 가장 큰 해류입니다. 이 해류는 2개의 주요한 해양 순환에 해당합니다. 하나는 대서양 연직 방향의 거대한 순환인 대서양 자오선 역전 순환(AMOC, 지구의 표면을 따라 북극과 남극을 잇는 선을 자오선이라고 합니다. 주로 자오선을 따라 흐르는 거대한 순환이고 연직 방향으로 한 바퀴 뒤집혀 흐른다고 해서 역전 순환이라고 합니다.)이고, 다른 하나는 북대서양 표층에서 수평 방향으로 빙글빙글 도는 아열대 환류입니다. 아열대 환류는 바람에 의해 형성됩니다. 이처럼 멕시코 만류는 거대한 두 순환으로 이뤄집니다.

멕시코 만류는 초당 약 300억kg의 물을 북쪽으로 운반합니다. 난류에 속하는 이 해류는 주변 바다보다 5~15도 높습니다. 멕시코 만류는 저위도 부근의 따뜻한 바닷물을 운반하며 대기와 주변 대륙에 열에너지를 전달합니다. 또 대서양 자오선 역전 순환에 표층수를 공급하는데, 그린란드 부근에서 냉각되고 염분 농도가 높아져 밀도가 높아집니다. 드디어 역전 순환류가 바닷속 깊은 곳으로 가라앉습니다. 가라앉은 물은 적도 방향으로 다시 흐르며 북대서양 심층수를 만들고 남극까지 갑니다.

2004년 이후 대서양 자오선 역전 순환에 대한 모니터링을 시작했지만, 긴 순환 주기에서 일어나는 변화를 감지할 만큼 충분히 오래되지 않았습니다. 하지만 대서양 자오선 역전 순환은 앞으로 수 세기 동안 점점 느려질 것으로 예상합니다. 그린란드 빙하가 녹은 물이 바다로 들어가고, 북극 바다 얼음이 점점 줄어들고, 따뜻해진 북극 바다에서 강수량이 증가하는 등 염분 농도를 낮추는 변화가 생깁니다. 역전 순환류는 낮아진 염분 농도로 밀도가 낮아져 충분히 가라앉지 못합니다.

이렇게 바다 깊은 곳에서 남반구로 향하는 거대한 흐름이

현재

멕시코 만류는 수평 방향으로 흐르는
아열대 환류와 수직 방향으로 순환하는
대서양 자오선 역전 순환의 일부다.

온난해진 지구

기후변화로 대서양 자오선 역전 순환이
약해지면서 멕시코 만류가 느려진다.

대서양 자오선
역전 순환

③ 북극에 가까워지면서
물이 차갑고 무거워져
바닥으로 가라앉음

① 바람과 해수 침강에 의해
온난한 표층 해류 형성

멕시코
만류

환류

② 열대 지역에서
북반구 고위도로
물과 열 수송

④ 차가운 심해수는
남쪽으로 이동

대서양 자오선
역전 순환 약화

① 물의 염분이 낮아지고
가벼워져 덜 가라앉음

② 수송되는 열과 물
대폭 감소

멕시코
만류

환류

③ 멕시코 만류가
약화되지만 바람에
의한 이동은 유지됨

〈제5차 IPCC 보고서 FAQ 9.3에서〉

멕시코 만류의 예상되는 변화와 영향

난류인 멕시코 만류는 약화되지만 멈추지는 않을 것으로 예상한다. 멕시코 만류의 속도가
느려지면 영향을 받는 지역의 기상과 해수면에 영향을 미칠 것이다.

일어나기 어려워지고 있습니다. 하지만 대서양 자오선 역전
순환이 완전히 멈춘다고 해도 멕시코 만류는 느려질지언정
멈추지는 않을 것입니다. 멕시코 만류는 대서양 자오선 역전
순환보다 환류에 영향을 많이 받고, 앞으로 바람은 크게 변하
지 않을 것이기 때문에 환류도 큰 변화 없이 유지될 것입니다.
따라서 멕시코 만류도 멈추지는 않을 것입니다.

대서양 자오선 역전 순환이 느려지면 어떤 변화가 생길까요? 저위도의 열에너지를 이동시키는 것은 해류만이 아닙니다. 대기도 그 역할을 나눠서 하고 있습니다. 해류가 느려지면 대기가 더 많은 열을 운반하며 어느 정도는 조정할 것입니다. 하지만 멕시코 만류가 따뜻한 물을 운반하면서 유럽 기온을 온난하게 하던 역할을 하지 못해 '차가운 지점'이 생길 것입니다. 이로 인해 유럽 일부 지역의 온난화가 느려지고, 그린란드와 대서양 주변의 기상 패턴이 영향을 받을 것입니다.

기후 모델에 따르면 중위도 강수량은 감소하고, 열대와 유럽에서는 강한 강수 패턴이 나타나고, 북대서양 태풍은 점점 더 세질 것으로 예측됩니다. 또 대서양 자오선 역전 순환이 느려짐에 따라 멕시코 만류도 일부 영향을 받아 느리게 흐르면 주변 해수면이 올라갈 것입니다.

남극 주변에서도 역전 순환이 일어나고 있습니다. 남극 주변의 바닷물은 얼음이 얼면서 염분 농도가 증가해 밀도가 높아지고, 수온도 낮아 세계에서 가장 밀도가 높은 바닷물입니다. 이 물은 바닥으로 가라앉아 북쪽으로 이동합니다. 최근 연구에 의하면 남극 빙상이 녹는 것, 남극해의 바람이 바뀌는 것이 남극해의 역전 순환에 영향을 미쳐 날씨까지 변화시킬 것이라고 합니다.

그린란드와 남극 빙상이 녹는 것을 멈출 수 있을까요? 사라진 빙상이 다시 늘어나는 데는 얼마나 걸릴까요?

제1실무그룹 FAQ 9.1

인간은 기후를 변화시키고 있고, 이것은 북극과 남극 지역의 온난화를 증폭시키고 있습니다. 지구에는 2개의 빙상(Ice Sheet, 대륙에 쌓인 빙하를 말합니다. 오랫동안 압축된 눈과 얼음이 쌓여 형성되며, 사방으로 퍼져 나갑니다.)인 남극과 그린란드가 남아있어 매우 중요한 문제입니다.

북극은 이미 빠르게 온난화되고 있습니다. 빙상은 수만 년 동안 내린 눈이 얼어붙은 거대한 민물 저수지입니다. 만약 빙상이 완전히 녹는다면 이 물에 의해 지구 해수면은 약 65m 높아질 것입니다. 그래서 빙상이 주변 해양과 대기 온난화에 의해 어떤 영향을 받는지 이해하는 것이 중요합니다.

북극 그린란드의 빙하, 북극 바다의 얼음, 남극 대륙 빙하의 상당량이 사라진다는 것은 거의 확실합니다. 북극 바다 얼음의 경우 여름철의 바다 얼음이 모두 사라지는 시기가 이번 세기 안에 일어날 것이라고 합니다. 그렇다면 화석연료 사용과 채굴을 중단하고, 온실가스 배출을 줄여 기후가 안정되면 시간이 좀 걸리더라도 극 지역의 사라진 빙하를 다시 볼 수 있을까요?

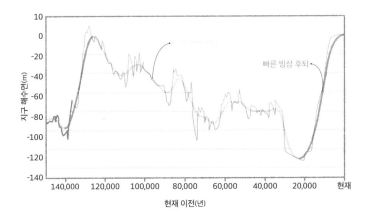

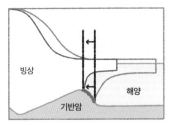

**바닷물 온도에 의해
빙상이 녹는 과정(남극 빙상)**

기반암이 바다 쪽을 향하거나 평평하면 온난화
중단 시 빙상의 후퇴도 멈추고 해양으로 방출되는
얼음도 감소한다.

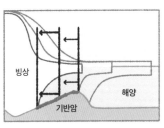

기반암이 내륙 쪽을 향하면 빙상 후퇴가 빠르게
계속된다. 빙상이 후퇴하면 해양으로 방출되는
얼음이 증가해 후퇴가 더욱 빨라진다.

**고도차에 따른 기온변화에 의해
빙상이 녹는 과정(그린란드 빙상)**

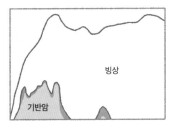

빙상이 매우 두껍기 때문에 빙상 표면의 고도가
높고, 그 고도에서 기온은 매우 낮다.

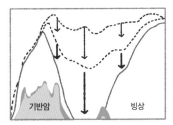

빙상이 녹으면서 계속 빙상 높이가 낮아지고, 주변
공기가 따뜻해지기 때문에 빙상이 더 빨리 녹는다.

〈제5차 평가 보고서〉 FAQ 9.1 그림1

남극과 북극에서 빙상이 녹는 과정
빙상이 줄어들면 다시 증가하기까지 수만 년이 걸린다. 이러한 변화는 해수면 변화에 큰
영향을 준다.

해답을 찾기 위해서는 긴 시간 여행이 필요합니다. 지구는 과거 80만 년 동안 냉각기와 온난기를 반복해서 겪었습니다. 자연적인 변동 과정이었습니다. 그런데 냉각기는 서서히 진행되고 온난기는 빠르게 나타났습니다.

냉각기는 왜 서서히 진행되었을까요? 이유는 대기 중 수증기에 있습니다. 온난기에는 빙상이 상대적으로 빠르게 녹으면서 해수면도 급격하게 올라갔습니다. 반대로 냉각기에 빙상 생성은 매우 느리게 일어납니다.

빙상은 오랫동안 압축된 눈과 얼음이 쌓여 생깁니다. 기후가 냉각되어 눈이 쌓이기 시작하면 태양광을 더 많이 반사합니다. 기후는 빠르게 냉각됩니다. 하지만 기후가 냉각되면 공기에 머물 수 있는 수증기량이 줄어듭니다. 공기에 포함될 수 있는 수증기량은 온도에 비례합니다. 그러니 기온은 빠르게 냉각되지만 눈이 충분히 내리지 못합니다. 눈이 충분히 내려 빙상이 발달해 기후와 균형을 이루기까지 수만 년이 걸리는 것입니다.

그렇다면 온난기는 왜 빠르게 나타났을까요? 빙상은 느리게 발달하지만 녹아서 사라질 때는 빠릅니다. 피드백 때문입니다.

북극과 남극 빙상의 피드백 과정은 다릅니다. 그린란드 빙상은 바닥 면이 대부분 해수면 위에 있고, 남극 서쪽 대륙 빙상은 대부분 바닥 면이 해수면보다 아래에 있습니다. 그린란드의 경우 빙상이 녹으며 높이가 낮아지면 지표면과 가까워지므로 빙상의 주변 기온이 더 높습니다. 그 탓에 빙상은 더 빠르게 녹고, 높이는 더 낮아지고, 다시 빠르게 녹는 양성 피드백이 일어납니다. 그러면 결국 빙상 전체가 사라집니다.

남극의 경우 해수 온도가 빙상 온도보다 높아, 해수면과 만나는 빙상 아랫부분이 빠르게 녹습니다. 긴 혀처럼 빙상이 바다 위에 떠 있는 빙붕이 떨어져 나가면, 그 뒤를 따라서 대륙 빙하가 빠르게 해양으로 밀려가고, 해수와 만나는 부분의 얼음이 빠르게 녹으며 사라집니다. 해양 빙상이 점점 불안정해지면서 부근 얼음도 전체적으로 급격하게 사라집니다.

극 지역 얼음의 피드백 작용에 의해 빙상이 다시 늘어나는 것과, 이로 인해 해수면이 다시 낮아지는 과정은 수만 년에 걸쳐 서서히 진행되었습니다. 이와는 달리 작은 온도 상승으로도 수백 년, 수천 년 만에 상당한 해수면 상승이 일어났습니다.

이와 같은 원리로 21세기 혹은 22세기에 지구온난화가 멈추고 기온이 내려가더라도 그린란드와 남극 빙상이 녹기를 멈추고 다시 얼려면 수천 년이 걸릴 것입니다. 인간이 어떤 계획을 세우고 실행하는 수십 년, 수백 년보다 훨씬 오래 걸리는 것입니다. 그래서 그린란드와 남극의 얼음이 사라진다면 사실상 다시 돌아오지 못합니다.◉

그러니까 우리는 지금 그린란드·남극 빙상과 영원한 이별을 하는 중이라는 거예요. 물론 수천 년이 흐른 뒤에는 상황이 다르겠죠. 과거 45억 4000만 년 동안 일어난 대규모 변화가 그러했듯이 지구 시스템은 다시 균형을 찾을 것입니다. 지구가 문제가 아니라 인간이 문제라는 것이죠.

그나마 다행인 것은 보고서가 이번 세기 안에는 이런 "급변적 변화가 일어난다는 증거는 없다"라고 말한 것입니다. 물론 또 완전히 안 일어난다고 할 수는 없다고 단서를 달았죠.

지금 우리는 어떤 상황에 놓여 있을까?

03

올여름은 당신 인생 중 가장 시원한 여름일 것입니다

올여름 많이 더운가요? 지금 여러분이 보내는 여름은 남은 인생 중 가장 시원한 여름일 것입니다. 〈IPCC 제6차 평가 보고서〉에서 이야기한 미래를 예측해 보는 시나리오(공통 사회 경제 경로, SSP)대부분은 여러분이 생존해 있는 동안에는 지구 기온이 계속해서 올라갈 것이라고 말하고 있어요.

2024년에는 유난히 기온이 올라갔습니다. 2023년에 발생한 엘니뇨 탓이었죠. 엘니뇨는 인간에 의해 일어나는 기후변화는 아니에요. 이런 것을 '자연 변동성'이라고 합니다. 기후 시스템이 균형을 맞춰 가는 가운데 일어나는 자연스러운 현상이죠. 자연 변동과 기후변화가 서로 영향을 주면 어떤 변화가 생길까요?

자연 변동성은 무엇인가요?
인간에 의한 기후변화에
어떤 영향을 주고 있나요?

제1실무그룹 FAQ 3.2

자연 변동성은 인간에 의한 영향이 아닌 다른 과정에 의해 일어나는 기후변화를 말합니다. 과거 기후로 시간 여행을 해 보면 기후는 변화하지 않은 적이 없다는 사실을 알게 됩니다. 물론 몇십 년, 몇백 년의 기록이 아니라 수천 년, 수만 년 동안의 기록을 이야기하는 것입니다.

과거 지구 표면 온도는 인간이 알아챌 수 없는 긴 시간 안에서 큰 폭으로 변화해 왔습니다. 원인은 다양합니다. 대기 순환과 같은 기후 시스템 내부의 원인으로 생기기도 합니다. 기후 시스템 외부의 원인에 의해서도 기후는 변화합니다. 지구 궤도가 변하기도 하고, 태양 활동이 달라지기도 합니다. 가끔은 대형 화산 폭발이 일어나 변화하기도 했습니다.

오늘날의 기후변화가 혹시 궤도 변화 때문은 아닐까 생각할 수도 있지만, 지구 궤도로 인한 기후변화는 수천 년에 걸쳐 일어납니다. 따라서 지난 100년 동안 일어난 궤도 변화는 오늘날의 기후변화에 거의 영향을 주지 않았다고 봐야 합니다. 대형 화산 폭발의 경우 지구를 강력하게 냉각할 수 있지만, 이 영향은 10년 이내에 사라집니다. (태양 활동의 변화도 11년을 주기로 일어납니다.)

화산 폭발, 태양 활동 변동, 내부 원인에 의한 변동 같은 자연적 변동은 다양한 시간 크기로 나타납니다. 하지만 기간이 길어질수록 자연적 변동에 의한 영향은 감소합니다. 즉, 궤도 변화를 제외하고 여러 자연적 변동은 20~30년 정도에서는 인간에 의한 지구온난화보다 큰 영향을 미쳐 기온을 올리거나 내릴 수 있습니다. 하지만 장기적으로 자연적 변동의 영향은 작아집니다. 1850~2019년 동안 관측된 약 1.1도 온난화 중 자연적 변동으로 인한 것은 −0.23도에서 +0.23도 범위 정도라고 합니다.

자연적 변동과 인간에 의한 오늘날의 기후변화는 사람이 개를 산책시키는 모습에 비유할 수 있습니다. 사람이 걷는 길은 인간에 의한 온난화이고, 개는 자연적 변동이라고 생각해 봅시다.

짧은 기간에서 지구 표면의 온도 변화는 개의 움직임과 비슷합니다. 개는 주인을 앞서기도 하고, 뒤따라가기도 합니다. 화산이 폭발해 일시적으로 기온이 내려가는 것이나 태양 활동이 강화되어 기온이 약간 상승하는 것과 비슷합니다. 하지만 어느 경우든 개는 주인과 함께 집으로 돌아갑니다. 장기적으로 기후 데이터를 살펴보면 기후에 미치는 인간의 영향이 훨씬 뚜렷해지고 있습니다.◉

우리 지역에서 최근 발생한 극한 기상현상은 기후변화 때문인가요?

제1실무그룹 FAQ 11.3

극한적 기상현상의 원인을 파악하는 것은 어려운 일입니다. 하지만 새로운 과학에 의해 폭염이나 극한 고온 현상이 발생하는 확률 및 규모와 기후변화의 관계를 밝힐 수 있습니다. 예를 들어 산업화 이전과 현재 모두 폭염은 발생할 수 있습니다. 하지만 같은 온도라고 해도 산업화 이전보다 현재 폭염이 발

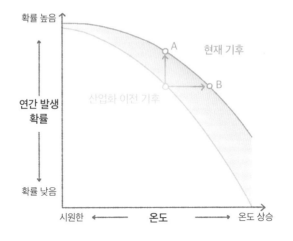

〈제1실무그룹 보고서〉 FAQ 11.3 그림1

기후변화와 극한 현상
가로축은 온도, 세로축은 극한 기상현상이 발생할 확률을 나타낸다. 산업화 이전에도 극한 고온 현상은 발생했지만, 현재 기후에서 발생하는 폭염의 기온이 더 높고 더 자주 일어난다. (A: 온도는 같지만 극한 현상이 발생할 확률은 더 커진다. B: 극한 현상이 발생할 확률은 같지만 폭염의 온도는 더 높다.)

생할 확률이 높습니다. 또한 동일한 확률로 폭염이 일어나더라도 현재 폭염 기온이 더 높게 나타납니다. 이러한 차이는 인간에 의한 영향 때문입니다.

기후변화는 태풍이나 강수량 증가에도 영향을 줍니다. 하지만 모든 폭우와 강수량 증가가 기후변화로 인한 것은 아닙니다. 엘니뇨 같은 자연 변동의 영향도 극한 기상현상의 발생 확률이나 세기 변화에 영향을 줍니다. 토네이도 같은 극한 기상현상은 현재 기후 모델의 성능이나 과학 지식으로는 기후변화와의 관계를 밝힐 수 없습니다. 그래서 모든 극한 현상을 기후변화 때문으로 설명할 수는 없습니다. 하지만 기후가 계속 온난해지면 극한 기상현상의 발생 확률과 규모가 확실히 더 커질 것입니다.◉

인간에 의한 기후변화로 지금까지 없었던 극한 기상현상이 일어날까요?

제1실무그룹 FAQ 11.2

인간에 의한 기후변화는 지구 기후 시스템에 많은 영향을 미치고 있습니다. 대부분 지역에서는 폭염 같은 극한 고온 현상이 더 자주, 더 세게 일어나고 있습니다. 극한 저온은 감소했습니다. 폭우는 육지의 많은 부분에서 더 자주 발생하고 규모도

커졌습니다. 이전에는 일어난 적 없었던 극한 기상현상은 다음과 같이 예상됩니다.

첫째, 규모가 커집니다. 둘째, 더 자주 일어날 것입니다. 셋째, 가뭄이 없었던 지역에서 가뭄이 일어나거나, 강수량이 매우 적었던 지역에 폭우가 쏟아질 수 있습니다. 즉, 특정 기상현상이 이전에는 일어나지 않았던 지역에서 발생할 수 있습니다. 넷째, 이전과는 다른 시기에 발생할 수 있습니다. 폭염이 더 일찍 일어날 수도 있고 더 늦게 일어날 수도 있습니다. 다섯째, 서로 다른 극한 기상현상이 동시에 혹은 연달아 일어날 수 있습니다. 만약 가뭄과 폭염이 동시에 발생하면 산불 발생 위험이 높아지고, 농작물 피해가 커질 것입니다.

극한 기상현상 중 폭염은 인간의 영향이 없다면 발생할 가능성이 매우 낮았을 것이라고 확신합니다. 기후가 온난해짐에 따라 이전에는 일어난 적 없었던 극한 현상이 발생하는 확률과 규모가 커질 것입니다. 지구온난화에 의해 기온이 올라가면 그 정도는 더 심해질 것입니다.°

2023년 엘니뇨가 발생했어요. 슈퍼 엘니뇨급으로 성장하지는 않았지만 여파는 치명적이었죠. 아프리카에서만 약 1만 5000명의 사망자가 발생했습니다.

지중해 부근 북부 아프리카에 있는 리비아에서는 열대성 태풍과 비슷한 중위도 폭풍 메디케인Medicane(지중해에서 발생한 허리케인)이 발생했어요. 지중해 수온이 매우 높은 탓에 저기압이 과도한 에너지를 공급받은 것이죠. 쏟아지는 비는 리비아의 해안 도시 데르나의 댐 2개를 무너뜨리고 말았습니다. 쓰나미 같은 물길이 도시를 수장해 버렸어요. 진흙 더미 아래에 깔려 죽음을 맞이한 사람이 1만 명을 넘어섰습니다. 엘니뇨 영향이기는 하지만, 기후변화로 지구 기온이 상승하지 않았다면 폭풍이 지중해를 지나며 괴물로 성장했을까요?

리비아 이외에도 2023년 아프리카에서는 최소 23건의 홍수가 있었어요. 그 외에도 사이클론, 폭염, 산불, 가뭄, 굶주림 등 기온 상승으로 인한 다양한 재난이 아프리카 대륙을 휩쓸었습니다. IPCC는 기후변화에 가장 취약한 대륙으로 아프리카를 꼽고 있어요. 2022년 아프리카 화석연료와 산업에 의한 인구 1인당 이산화탄소 배출량은 1톤으로 전 세계 배출량 순위표의 가장 끝에 있습니다.

도시가 열섬이
되기까지

세상의 모든 도시는 덥습니다. 특히 밤에 말이죠.

〈IPCC 제6차 평가 보고서〉는 중위도에 있는 도시의 경우 2050년까지 대기 중 온실가스 농도에 따른 모든 시나리오에서 농촌 지역보다 대략 2배 높은 열 스트레스를 받을 가능성이 있다고 밝히고 있어요. 도시에 사는 사람은 몸이 열에 대응해 체온을 낮추는 데 대부분 에너지를 사용하기 때문에 녹지가 있는 농촌에 사는 사람보다 다른 신체 기능이 나빠진다는 것이죠. 이미 전 세계 인구의 절반 이상이 도시에 살고 있고, 지금도 도시는 빠르게 늘어나며 빽빽해지고 있습니다.

도시는 왜 지구온난화의
핫 스폿인가요?

제1실무그룹 FAQ 10.2

도시는 기후변화로 인해 말 그대로 매우 '핫Hot'한 지역이 되었습니다. 전 세계 인구의 약 55%가 도시에 살고 있습니다. 물론 이 수는 계속 증가하고 있습니다. 매년 세계에서 6700만 명이 도시로 이주하고 있는데, 이 중 90%가 개발 도상국 도시입니다. 2030년이면 그 수가 늘어 세계 인구의 약 60%가 도시에 거주할 것이라고 예상합니다.

기후변화로 인한 도시 재난 중 가장 우려되는 것은 폭염입니다. 도시는 밤 기온이 주변 지역보다 몇 도나 높아 열섬이라고도 불립니다. 도시는 왜 열섬이 되었을까요?

가장 큰 원인은 고층 건물이 많이 들어서 있고, 그 간격이 좁아 열을 잘 흡수할 뿐 아니라 열이 잘 나가지도 않기 때문입니다. 도시 빌딩의 배치를 보면 환기가 잘 되지 않는 형태입니다. 또 가정과 업무용 빌딩 등에서 여름이면 냉방, 겨울이면 난방을 가동하는 등 열 발생원이 도시에 집중되어 있습니다. 게다가 도시의 콘크리트 건물, 도로 아스팔트와 옥상에 칠해진 짙은 초록색 방수액같이 도시를 이루고 있는 물질은 보온 능력이 뛰어납니다.

이처럼 도시는 낮에 열을 한껏 흡수해 빠르게 달궈지지만,

밤에 충분하게 냉각되지 않습니다. 또 도시는 인구 밀도가 높다 보니 녹지 공간이 부족합니다. 이로 인해 열섬 효과가 강화되어 '핫'한 곳이 되고 있습니다.

폭염에 대비하려면 도시의 녹지 공간을 적극적으로 넓히고 물이 있는 공간을 만들어야 합니다. 도시에 식물과 물이 많으면 열섬 효과를 줄일 수 있습니다.○

왜 도시와 기반 시설이 기후변화 영향에 특히 취약한가요? 어떻게 하면 막을 수 있나요?

제2실무그룹 FAQ 6.1

전 세계에서 최대 100만 명이 거주하는 정착지가 빠르게 늘어나고 있습니다. 이러한 도시 지역이 기후변화에 가장 취약합니다.

빠르게 성장한 정착지는 지방 정부가 제대로 역할을 하지 못하는 경우가 많습니다. 수용 능력에 맞게 인구 몰림에 대처하는 것이 중요합니다. 대도시의 경우 지방 정부와 지역의 여러 조직이 취약성을 줄이기 위한 계획을 수립해야 합니다. 또한 이 계획에 이해관계가 복잡하게 얽힌 대기업, 정당 등과 적극적으로 소통하고 대책을 마련해야 합니다.

도시 빈민가에 살고 있는 극빈층은 기본 시설이 제대로 갖

쳐지지 않은 열악한 주거 환경으로 인해 기후변화에 더 취약합니다.

대도시 기반 시설이 특정 지역의 산사태, 홍수, 기온변화로 파괴되면 그 영향이 도시 전체로 순식간에 퍼집니다. 가장 흔한 현상인 정전이 일어나면 물을 끌어 올리는 양수 펌프가 작동하지 않아 아파트뿐 아니라 주택에도 물 공급이 중단됩니다. 신호등이 작동하지 않아 도로의 차량 운행이 심각한 어려움을 겪고, 가로등 불이 켜지지 않고, 병원, 학교, 가정 등도 영향을 받습니다.

물론 가장 큰 피해를 입는 사람은 도시 빈곤층과 소외 계층입니다. 이러한 피해가 지속되면 불평등은 더욱 심해집니다.°

도시와 주거지, 그리고 취약 계층이 현재 겪고 있는 주요 기후 위험은 무엇인가요? 만약 2050년에 지구 온도가 2도 올라가면 어떤 위험에 처하게 될까요?

제2실무그룹 FAQ 6.2

도시는 폭염으로 몸살을 앓고 있습니다. 도시 온도가 높아지면 기반 설비가 과열되어 고장 날 수 있고, 오존 발생량이 늘어나 대기 오염 물질 농도가 높아질 수 있습니다.

대부분 도시는 물이 스며들 수 없는 아스팔트나 시멘트 같은 재질로 덮여 있습니다. 기후변화로 늘어나는 폭우는 물이 스며들지 못하는 도시에 홍수를 불러올 수 있습니다.

또 기후변화로 열대성 저기압인 태풍 규모가 커지면 높아진 해수면이 폭풍 해일을 일으킬 수 있습니다. 이런 경우 해안가에 있는 주거지는 위험에 처합니다. 미국 플로리다 마이애미-데이드Miami-Dade 지역은 해안 침수로 2005~2016년 사이에 4억 6500만 달러 이상의 부동산 손해를 입었습니다. 대비하지 않으면 2050년 이후 해안 지역의 홍수 위험은 더 커질 것입니다.

아프리카 가나의 도시 지역에서는 도시 홍수로 인해 말라리아, 장티푸스, 콜레라가 발생했습니다. 사용할 수 있는 물이 줄어드는 것도 도시와 거주지에 일어나는 심각한 위험 중 하나입니다. 도시가 성장하면서 사람과 산업에 필수적으로 필요한 물의 양이 점점 늘어납니다. 수요는 늘어나는데 기후변화로 이용할 수 있는 물의 양은 줄어들어 이중의 어려움을 겪을 수 있습니다. 물 부족으로 인한 갈등, 물 가격 상승, 도시의 비공식 주거지(빈민가, 난민촌, 쪽방, 비닐하우스 등) 확대로 상황은 더욱 악화될 것입니다.°

라고스의 두 마을 이야기
에코 애틀랜틱과
마코코

탄소배출량이 가장 많은 세계 100대 도시에서 배출하는 양은 전체의 약 18%를 차지합니다. 선진국 도시에 거주하는 사람은 배출량이 가장 적은 지역에 사는 사람의 7배 가까이 배출합니다. 게다가 도시는 가장 많이 소비하면서 가장 적게 생산하는 곳이죠. 도시에서 소비하는 거의 모든 물질과 에너지는 다른 지역에 기대고 있어요.

보고서는 21세기가 '도시의 세기'라고 이야기합니다. 현재 세계 인구 중 반 이상이 도시에 거주하고 있고, 이 인구는 앞으로 수십 년 동안 더 늘어 2050년경에는 전 세계 인구의 약 70%가 도시에 거주할 것이라고 합니다. 도시의 기후변화 완화 노력은 도시 사람뿐만 아니라 도시가 기대고 있는 다른 지역을 포함해 많은 사람에게 영향을 미치는 일이고, 기후변화를 줄이는 데 큰 역할을 할 수 있습니다. 그래서 IPCC는 도시와 기후변화에 관한 특별 보고서를 준비하고 있습니다.

도시는 한번 건설되면 오랫동안 유지됩니다. 건물, 도로, 파이프라인 같은 도시 인프라는 수명이 깁니다. 건물의 경우 최소 30년에서 100년 이상입니다. 따라서 현재 배출량을 줄일 뿐 아니라 미래에도 배출을 막을 방법이 필요합니다.

먼저 걷는 도시가 되도록 도로를 배치하고 설계해야 합니다. 도시 주거지와 건물이 넓게 흩어지면 이동하기 위해 자동차에 의지하는 문화가 생기고, 이는 쉽게 바뀌지 않습니다. 따라서 걸어서 충분히 갈 수 있는 거리에 편의 시설이 모여 있는 압축적인 도시를 만드는 것이 필요합니다.

두 번째로는 운송, 요리, 냉난방 등 도시에서 사용하는 에너지를 전기로 바꿔, 화석연료를 직접 태울 때 발생하는 탄소배출을 없애야 합니다. 이 방법은 기존 도시에서도 충분히 적용 가능합니다. 보고서는 도시의 에너지 시스템을 가능한 한 전 영역에서 전기로 바꾼다면 도시 탄소배출량을 2050년까지 90% 줄일 수 있다고 설명합니다. 또 건축 법규를 바꿔 건축 시 냉난방 에너지가 낭비되지 않는 효율 높은 건물을 지어야 합니다.

세 번째로 도시 색을 바꿔야 합니다. 식물을 심은 녹색 지붕, 도시 숲, 가로수, 도심 호수 등 녹색 및 청색 인프라를 통해 탄소도 흡수하고 도시 온도도 낮춰야 합니다. 녹색 도시는 집중 호우 시물이 흘러 빠져나가는 속도를 늦춰 홍수 예방에도 도움이 됩니다. 전 세계 도시의 나무는 매년 약 2억 1700만 톤의 탄소를 격리합니다. 이뿐만 아니라 무더위 때 그늘을 제공하고, 마음을 돌보는 치유 역할도 합니다.

아프리카 나이지리아의 라고스에 저탄소 도시, 지속가능한 도시가 건설되고 있어요. 이름도 멋집니다. 에코 애틀랜틱. 대서양

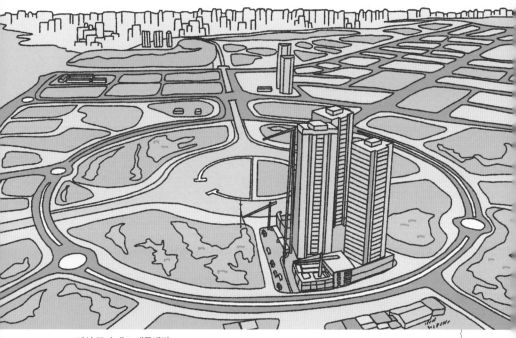

건설 중인 에코 애틀랜틱
기후위기로 인한 해수면 상승의 피해를 막기 위해 계획되었으나 심각하게 불평등을 키우는 사례로 꼽히고 있다. 기후 아파르트헤이트로도 불린다.

모래를 퍼 올려 바다를 메우고, 올라온 해수면으로 인한 침수를 막기 위해 5톤짜리 콘크리트 블록 10만 개로 '라고스의 만리장성'이라 불리는 거대한 방파제를 쌓았습니다. 태양과 바람으로 전력을 공급하고, 대중교통과 상하수도 시스템을 구축하고, 고층 빌딩과 아파트로 압축적인 도시 공간을 마련해 약 25만 명 정도의 인구를 수용할 수 있는 친환경 도시를 건설하는 거예요. 에코 애틀랜틱은 민간 기업이 도시 개발을 추진하고 있습니다. 아직 완공도 안 되었는데 벌써 영국 석유 가스 회사가 15층짜리 빌딩을 계약했다고 합니다.

라고스에는 또 다른 도시가 있습니다. 에코 애틀랜틱 도시 공사가 한창인 장소에서 그리 멀지 않은 곳에 있는 마코코 마을입니다. 물 위에 떠 있는, 정확하게는 바다 위에 기둥을 박고 버려진 판자를 주워 만든 수상 주택 마을입니다. '세계에서 가장 큰 수상 빈민가'라는 수식어를 가지고 있는 마코코 마을에도 에코 애틀랜틱의 미래 입주민들과 비슷한 수의 사람들이 살고 있습니다. 당연히 전기도 없고, 인터넷도 안 되고, 상수도도 없습니다. 상수도가 없으니 하수도도 있을 리 없고, 화장실도 없습니다. 마코코 주민에게 화장실이 어디냐고 묻는다면, 손가락으로 그들의 집이 떠 있는 바다를 가리킬 것입니다.

모든 것이 부족한 마코코 마을에 넘치도록 풍부한 것이 있습니다. 육지에서 버린 온갖 물건, 페트병, 플라스틱 제품 등 세상의

마코코 마을
세계에서 가장 큰 수상 빈민가다.

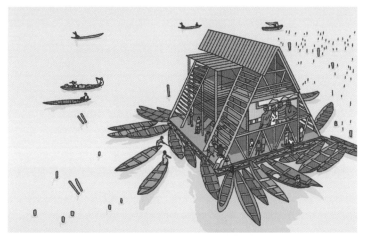

마코코 플로팅 스쿨
마코코 마을의 어린이들이 기초 교육을 받을 수 있도록 홍수와 폭풍 해일에 강한 구조로 학교를 지었다. 유엔개발계획의 지원을 받아 설계된 건물로, 100명까지 수용할 수 있다. 마코코 마을에 닥칠 기후위기를 대비하기 위해 필요한 건축 사례다.

모든 쓰레기가 판잣집과 집 사이, 보트와 보트 사이, 바다에 풍덩 뛰어들어 헤엄치는 아이들 사이에 차고 넘칩니다. 이미 높아진 해수면 탓에 파도가 거센 날에는 친구 집 몇 채가 떠내려가 버리기도 하고, 집 안으로 바닷물과 닳고 닳아 형체를 알 수 없는 플라스틱 쓰레기가 밀려들어 오기도 합니다.

에코 애틀랜틱이 완성되면 그곳에 마코코 마을 사람들이 들어가서 살 수 있을까요? 아마 아주 돈이 많은 나이지리아 사람 일부와, 그들과 피부색이 다른 외국인이 미래 도시 에코 애틀랜틱의 주민이 되겠죠. 기후위기를 막기 위한 정책이 이익을 앞세우는 민간 기업에만 이득을 주고 도시 빈민은 더 골 깊은 불평등의 골짜기로 떠미는 거예요.

보고서도 이 부분에 대해 경고하고 있습니다. "야심에 찬 완화 및 적응 계획이 민간 기업에 큰 이익으로 돌아가고 도시 빈민층에게 부정적인 영향을 미칠 수 있습니다."

탄소중립이 되면 기후변화가 멈출까요?

전 세계는 1992년 유엔기후변화협약과 2015년 파리협정으로 2050년까지 탄소중립을 이뤄 내기로 국제적 약속을 했습니다. 이 약속대로 2050년 전 세계 모든 국가가 탄소 순배출량을 0으로 만들면, 즉 숲, 바다, 토양이 흡수할 수 있는 양 이상으로 온실가스를 배출하지 않으면 기온은 다시 낮아질까요? 폭염과 홍수도 사라지는 것일까요? 그러니까 탄소중립이 되면 기후변화는 멈출까요?

이산화탄소 배출량이 줄어들면 그 효과가 나타나기까지 얼마나 걸릴까요?

제1실무그룹 FAQ 4.2

인간 활동으로 배출되는 온실가스 중 가장 중요한 이산화탄소 배출량이 줄어들면 대기 중 이산화탄소 농도가 증가하는 속도는 느려질 것입니다. 하지만 매년 대기로 배출되는 이산화탄소를 자연적 혹은 인위적인 과정으로 제거해야 농도가 감소하기 시작할 것입니다.

배출량이 최고치에 도달한 후 감소하기 시작해도 대기의 이산화탄소 농도가 감소하기까지 시간이 걸립니다. 왜냐하면 이산화탄소가 안정적으로 대기에 머무는 기간이 길기 때문에, 지금 배출을 중단해도 과거에 배출된 이산화탄소가 긴 시간 동안 영향을 주기 때문입니다. 이산화탄소 중 상당량은 수백 년, 수천 년 동안 대기에 남아 있습니다.

이산화탄소 농도가 증가하는 속도가 줄어들면 10년 내에 지구온난화 속도가 느려질 것입니다. 하지만 이 정도는 자연적 기후 변동에 의해 덮일 수도 있고, 수십 년 동안 확인되지 않을 수도 있습니다. 즉, 배출량이 줄어들기 시작한다고 몇 년 이내 온난화가 둔화하는 것은 확인하기 어려울 것입니다.

또 지구 표면의 온도 변화는 수십 년이 지날 때까지 드러나지 않을 것이고, 강수량 같은 지역적 기상현상 안정화는 그보다 더 느리게 나타날 것입니다. 코로나19로 인한 이산화탄소 배출량 감소같이 일회적인 감소로는 대기의 이산화탄소 농도나 지구 온도 변화를 확인할 수 있을 정도로 영향을 주지 못합니다.

현재: 불균형 상태

태양 에너지 입사

온실가스에 의해 에너지
방출량 감소

91%
해양

초과 에너지 누적

지구의 에너지 수지가 기후변화에 대해 알려 주는 것

지구의 에너지 수지는 기후 시스템 관련 에너지가 들어오고 나가는 흐름을 비교하는 것
이다. 에너지가 들어오는 양보다 나가는 양이 적어 초과된 에너지가 해양·육지·얼음·대
기에 지속적으로 흡수되고 있으며, 그중 91%가 해양에 의해 흡수되었다.

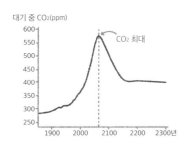

대기 중 CO₂(ppm)

CO₂ 최대

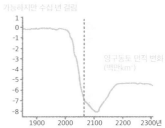

가능하지만 수십 년 걸림

영구동토 면적 변화
(백만km²)

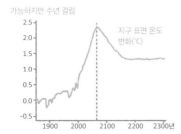

가능하지만 수년 걸림

지구 표면 온도
변화(°C)

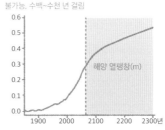

불가능, 수백~수천 년 걸림

해양 열팽창(m)

이산화탄소 감소 후 기후변화 예측

대기로 배출되는 양보다 더 많은 이산화탄소를 대기에서 제거하면 기후변화의 일부분은
되돌릴 수 있겠지만, 어떤 부분에서는 수십~수천 년 동안 현재와 같은 방향의 변화가 계
속될 것이다. 특히 해양 열팽창은 되돌아오려면 수백~수천 년이 걸릴 것이라고 밝히고
있다. 이로 인한 해수면 상승도 이전으로 돌아가지 않을 것이다.

이런 시간차는 배출량이 느리게 줄어들면 더욱 길어질 것이고, 배출량이 빠르게 줄어들면 더 짧아질 것입니다. 더 빨리, 더 많이 화석연료 사용을 중단하고 채굴을 멈춰야 하는 이유입니다.°

대기 중에는 이미 200여 년 전부터 꾸준히 쌓여 온 이산화탄소가 있어요. 당장 모든 배출을 0으로 만든다고 하더라도 수백 년, 수천 년 동안 안정적으로 대기 중에 남아 있는 이산화탄소는 쉽게 줄어들지 않을 것입니다.

과학기술을 사용해서 대기 중 이산화탄소를 제거하면 되지 않느냐고요? 물론 과학기술로 대기 중 이산화탄소를 줄일 수 있어요. 하지만 현재의 기술 수준으로는 전 지구의 대기 중 이산화탄소 농도 변화를 가져올 정도의 대규모 제거는 어려울 뿐 아니라 의도하지 않은 부작용이 일어날 수도 있습니다.

대기 중 이산화탄소는 탄소중립을 이루고 시간이 흐르며 숲과 바다에 의해 서서히 줄어들 것입니다. 탄소중립이 실현된다고 해도 당장 기후변화가 멈추는 것은 아니에요. 녹아 버린 영구동토층도 원래만큼 회복하지 못하고요.

탄소중립을 이루고 시간이 충분히 흘러도 영원히 돌아오지 않는 것이 있습니다. 1971~2006년 사이에만 282제타주울(ZJ: 10^{21}J)의 에너지가 나가지 못하고 지구 시스템 안에 머물고 있어요.

이 값은 공룡을 멸종시켰다고 알려진 소행성이 지구에 충돌해 만들어 낸 에너지와 같아요. 나가지 못한 이 에너지의 91%가 바다 온도를 높였습니다. 온도가 높아진 바다는 부피가 늘어났고 해수면이 높아졌습니다. 높아진 해수면은 다시는 낮아지지 않을 거예요. 바다는 웬만해서 열을 쉽게 방출하지 않아요. 뛰어난 열 저장 능력을 가지고 있기 때문이죠. 바다 온도를 높인 열은 깊은 바다로 전해지며 수백 년, 수천 년 동안 계속 해수면을 높일 것입니다.

그래서 '적응'이 더욱 중요해요. 최대한 많이, 최대한 빠르게 탄소배출을 줄여야 하고, 동시에 최대한 많이, 최대한 빠르게 피할 수 없는 재해에 대비해야 해요. 앞으로 짧지 않은 시간 동안 계속될 지구 시스템의 변화에 맞춰 도시와 사회 시스템을 바꿔야 해요. IPCC는 이러한 대응을 '적응'이라고 부릅니다.

〈제6차 평가 보고서〉의 배신, 1.5도를 넘기는 모든 미래 시나리오

〈IPCC 제6차 평가 보고서〉에는 21세기 동안 사회 경제적 변화에 따라 기후변화 완화와 적응의 어려운 정도를 예측한 몇 개의 시나리오가 있습니다. 시나리오 이름은 공통 사회 경제 경로(Shared Socioeconomic Pathway)이고, SSP1-2.6, SSP2-4.5, SSP3-7.0 등으로 나타내요. '-' 뒤의 숫자는 복사 강제력이고 W/m² 단위를 사용하는 에너지 값입니다. 복사 강제력은 대기 상층에 들어오는 에너지양과 나가는 에너지양 차이의 변화를 나타내요. 복사 강제력이 클수록 에너지 불균형이 커서 지구가 더욱 온난화됩니다.

SSP 시나리오들은 각각 별칭을 가지고 있어요. SSP1은 지속 가능한 녹색의 길, SSP2는 중도의 길, SSP3은 지역 간 경쟁이 심한 험난한 길, SSP4는 불평등으로 갈라진 길, SSP5는 화석연료 의존 고속 성장의 고속도로입니다.

예를 들어 볼까요? 내비게이션이 길을 안내하는 상황이라고 해 봐요. 목적지에 가기 위해 5개의 길 중 하나를 선택해야 하는 상황이라고 해 보죠.

SSP1 길은 제한 속도 규제를 엄격하게 하지만, 모든 도로가 잘 정비되어 있고 자전거 도로도 충분해서 안전하고 편하게 갈 수 있습니다. SSP2 길은 구간에 따라 정체가 심한 곳도 있고, 통행료도 있지만 그럭저럭 부담할 수는 있어요. 불안하기는 하지만 잘하면 시간 안에 목적지에 도착할 수 있을지도 몰라요. SSP3 길은 비포장도로가 많고 여기저기 파손된 구간이 있어요. 정체가 심하고요. 통행료도 비싼데 목적지에 도착하는 것 자체가 어려울 수 있어요. SSP4 길은 아주 잘 닦인 도로와 비포장도로가 함께 있어요. 사람들 대부분이 잘 닦인 도로는 비싼 통행료 탓에 이용할 생각도 못해요. SSP5 길은 전 구간이 아우토반이에요. 속도 제한 구간이 없어요. 물론 통행료는 매우 비싸겠죠. 전기차는 적고 화석연료를 이용하는 차량이 많은 탓에 창문을 열었다간 매연 때문에 고생할 거예요.

이렇게 서로 다른 공통 사회 경제 경로에 따라 기후변화 대응 능력이 달라져요. SSP1은 기후변화를 막는 것, 즉 완화와 적응이 모두 어렵지 않지만, SSP3은 둘 다 어렵습니다. SSP4는 완화는 쉽지만 적응이 어렵고, SSP5는 반대로 완화가 어렵고 적응이 쉬운 조건이 될 것으로 예측합니다.

시나리오	단기, 2021~2040		중기, 2041~2060		장기, 2081~2100	
	최적 추정치(℃)	가능성 매우 높은 범위(℃)	최적 추정치(℃)	가능성 매우 높은 범위(℃)	최적 추정치(℃)	가능성 매우 높은 범위(℃)
SSP1-1.9	1.5	1.2~1.7	1.6	1.2~2.0	1.4	1.0~1.8
SSP1-2.6	1.5	1.2~1.8	1.7	1.3~2.2	1.8	1.3~2.4
SSP2-4.5	1.5	1.2~1.8	2.0	1.6~2.5	2.7	2.1~3.5
SSP3-7.0	1.5	1.2~1.8	2.1	1.7~2.6	3.6	2.8~4.6
SSP5-8.5	1.6	1.3~1.9	2.4	1.9~3.0	4.4	3.3~5.7

표1 〈정책 결정자를 위한 요약본〉 표

미래 지구 온도 변화 예측
가장 배출량이 적을 것으로 예상되는 공통 사회 경제 경로(SSP1-1.9)에서도 지구 온도 변화는
1.5도를 넘기고 있다.

보고서의 〈제1실무그룹 정책 결정자를 위한 요약본〉에는 각
각의 시나리오에 따라 2100년까지 지구 표면 온도가 얼마나 상승
할 것인지 나타낸 데이터가 있습니다. 이 데이터의 5개 시나리오
모두 1.5도를 넘기고 있어요. 도대체 무슨 일일까요? 가장 탄소배
출이 적은 시나리오 'SSP1-1.9'에서도 일정 기간 동안 1.5도를 초
과하는 일명 오버슈트가 일어날 것이라고 예측하고 있어요.

IPCC는 "산업화 이전보다 지구 표면 온도 상승이 1.5도를 넘
지 않아야 인간과 생태계가 위험에 노출될 확률이 줄어든다. 반드
시 그렇게 해야 한다"라고 목표를 분명하게 제시했습니다. 그런데
어떻게 해도 다 1.5도를 넘긴다뇨?

1.5도에 얼마나 가까워졌나요?

〈지구온난화 1.5도 특별 보고서〉 FAQ 1.2

세계 온도는 2006~2015년 동안 인간 활동으로 인해 산업화 이전(1850~1900년)보다 0.87도 상승했습니다. (2018년에 발행된 〈지구온난화 1.5도 특별 보고서〉는 당시 기온변화를 기록한 것이고, 〈제6차 평가 보고서〉에서는 1.1도 상승으로 기록했습니다.) 현재 속도로 지구온난화가 계속된다면 2040년쯤 세계는 인간에 의한 지구온난화 1.5도에 도달하게 됩니다.

2015년 파리협정에서 각국은 '지구 평균 기온 상승을 산업화 이전 대비 2도 이하로 유지하고 기온 상승을 1.5도 이내로 제한하기 위해 노력을 추진'하는 것을 목표로 온실가스 배출을 줄이기로 합의했습니다. 일부 산업화 이전 시기는 자연적인 기후 변동, 화산 폭발, 태양 활동 변화 등으로 다른 시기보다 더 온도가 낮았습니다. 따라서 보고서에서 기준으로 잡은 '산업화 이전' 기간은 1850~1900년입니다.

또 지구온난화로 인한 온도 상승은 육지 기온과 해수면 수온을 합한 평균이고, 측정한 시기 전후로 30년 동안 상승한 전세계 평균값을 사용합니다. 1970년대 이후 대부분 육지 지역은 지구 평균보다 더 빠르게 온난화되어, 많은 지역의 온난화가 이미 산업화 이전 수준보다 1.5도 초과했습니다.

즉, 전 세계 인구의 1/5 이상이 산업화 이전 수준보다 1.5도 이상 높은 온난화를 적어도 한 계절은 경험한 지역에 살고 있습니다. 탄소배출이 현재대로 진행된다면 2040년에 1.5도에 도달할 가능성이 높습니다.[○]

지구온난화를 1.5도 이하로 유지하기 위해 우리가 행동해야 하는 시간은 얼마나 남았나요?

제3실무그룹 FAQ 2.3

전 세계 이산화탄소 배출량이 현재 속도로 계속된다면, 온난화를 1.5도로 유지하기 위해 남은 탄소예산은 2030년 이전에 다 써 버릴 가능성이 높습니다. 1850~2019년 화석연료 산업과 농업, 임업에서 배출한 전체 양은 2만 4000억 톤 CO_2입니다. 이 중 약 4100억 톤 CO_2가 2010년 이후에 늘어났습니다.[○]

기후변화는 앞으로 20년 동안 어떻게 변화할까요?

제1실무그룹 FAQ 4.1

온실가스 배출 속도의 차이는 있겠지만 앞으로 20년 동안 계속될 것입니다. 따라서 온실가스 농도가 더욱 증가해 지구 표면 온난화뿐 아니라 북극 해빙과 지구 평균 해수면 등 기후 시스템의 여러 부분에서도 현재와 같은 변화가 계속될 것입니다.

하지만 지구의 자연 변동으로 인한 불확실함은 있습니다. 1991년 필리핀 피나투보 화산 폭발로 인해 지구 표면은 일정 정도 냉각되어 수년 동안 지속되었습니다. 대기와 해양은 아무런 외부 영향 없이도 자연 변동이 생길 수 있습니다. 이러한 변동은 수개월, 수십 년에 이르는 지역적인 기상 시스템 규모에서부터 대륙 및 해양 규모의 패턴과 진동에 이르기까지 범위가 다양합니다.

앞으로 20년 동안 자연 변동에 의한 기온변화는 예측할 수 없습니다. 즉, 일부 국지적인 냉각 추세가 발생할 가능성을 배제할 수 없습니다. 하지만 전 지구적으로 모든 시나리오에서 온도 상승 추세가 있을 것입니다.[◦]

〈지구온난화 1.5도 특별 보고서〉에서는 1.5도를 넘어서는 시기를 2030~2052년 사이로 예측했어요. 그런데 〈제6차 평가 보고서〉에서는 이보다 약 10년이나 빠르게 1.5도를 넘어선다고 발표했습니다. 또한 이것에 대해 별도의 설명을 남겼어요.

"〈지구온난화 1.5도 특별 보고서〉에서는 당시의 온난화 속도를 근거로 비례해 기온변화를 예측한 것이다. 이 보고서가 단순한 예측이었다면, 〈제6차 평가 보고서〉는 여러 증거를 검토한 것이다. 역사적인 온난화 기록이나 복사 강제력의 크기, 복사 강제력에 의한 미래 지구의 표면 온도 상승 평가 등 많은 증거를 근거로 예측했다. 따라서 〈제6차 평가 보고서〉의 미래 예측 시나리오가 훨씬 정확하다고 할 수 있다."

절대로
늦은 것이
아닙니다

잠깐만요. 아직 절망하지 말아요. 절망하기 전에 다시 한번 냉철하게 되짚어 봐요. 1.5도라는 인류 목표는 어떻게 정한 것일까요?

파리협정에서는 다음과 같이 협약문을 발표했습니다.

"지구온난화로 인한 기온 상승을 산업화 이전 대비 2도보다 훨씬 낮게 유지하고 산업화 이전 수준보다 기온 상승을 1.5도로 제한하기 위해 노력한다."

즉, '2도 이하, 1.5도 추구'라는 2개 온도를 모두 목표에 언급했습니다.

유엔기후변화협약 당사국 사이에서 2도는 오래전부터 이야기한 목표였어요. 2010년 멕시코 칸쿤에서 열린 제16차 유엔기후변화협약 당사국 총회(COP16)에서 2도를 공식화했습니다. 동시에 처음으로 1.5도 유지를 고려해야 할 필요성 또한 인정했습니다.

2015년 파리협정이 체결된 제21차 유엔기후변화협약 당사국 총회(COP21)가 열리기 전, 70여 명의 과학자가 2년간 연구한 보고서를 발표했어요. 그 보고서는 1.5도에도 상당한 영향이 있을 것이라고 경고하며, 온도 한계를 1.5도까지 낮추는 것이 바람직하다고 강조했죠.

"물론 저희 과학자들도 1.5도와 2도 차이가 어떤 영향을 줄 것인지에 대해서는 아직도 연구해야 할 것이 많이 있고, 현재까지 연구 데이터가 너무 부족해서 구체적으로 예측할 수는 없습니다. 하지만 이미 현재의 기온 상승으로도 인간과 자연 시스템에 심각한 영향을 주고 있습니다. 2도가 되면 농업, 해수면, 산호초, 북극 얼음에 심각한 영향을 줄 것입니다. 세계에서 가장 가난한 사람들이 가장 먼저 가장 심한 피해를 입을 것입니다. 최소한 1.5도는 피해를 줄일 수 있는 온도입니다."

다행히 이 보고서는 파리협정에 반영되었고, 유엔기후변화협약 당사국은 IPCC에 지구온난화로 1.5도 온도가 상승했을 때의 영향과 1.5도를 목표로 했을 때 가능한 온실가스 배출 경로를 연구해 달라는 요청을 하게 됩니다. 그 결과로 나온 보고서가 2018년 〈지구온난화 1.5도 특별 보고서〉예요.

걱정해야 할 것을 '우려 요인' 그래프(88페이지)로 나타냈습니다. 1.5도와 2도 사이에 노란색이 점점 붉어지는 것은 위험도가 높아진다는 뜻이에요. 이 데이터를 근거로 1.5도를 목표로 삼았습니다. 과학자들은 1.5도는 2도보다 위험을 피할 수 있는 확률을 높이고, 최대한 방어선을 낮게 밀어붙이기 위한 온도라고 이야기합니다.

절대 늦은 것은 없습니다. 1.5도는 법칙이 아니라 확률을 나타낸 값이니까요. 물론 1.5도를 넘는 것은 큰일입니다. 하지만 절망할 필요는 없어요. 가능한 한 최선을 다해서 더 이상 붉은색이 짙어지지 않도록 노력해야 해요.

파리협정에서 이야기한 1.5도가 넘었다고 해도 그 영향이 나타나려면 시간이 더 지나야 해요. 예를 들어서 1.5도가 넘은 뒤 해수면이 그에 따라 상승하려면 빙상이 녹아야 하고, 깊은 바다까지 열이 전달되어 바다의 부피가 늘어나야 하죠.

가끔 세계의 여러 기상 관측 기관에서 1.5도가 넘었다는 소식이 들려옵니다. 유엔기후변화협약에서 목표로 하는 1.5도는 30년 평균 혹은 그와 비슷한 기간의 평균 온도 값을 이야기하는 거예요. 1.5도를 넘어선다는 것이 어느 하루 혹은 어느 달, 어느 해에 넘어서는 것을 말하지는 않습니다.

자, 그러니 1.5도로 잠시 온도가 초과하거나 1.5도를 넘긴다면 우리가 해야 할 일은 0.01도라도 낮추도록 행동하는 거예요. 그래야 위험을 피할 수 있는 확률이 커지니까요. 1.5도를 넘는다고 해서 절대 늦는 것은 아닌 이유입니다.

위기지만

길이
있습니다

04

위기 속에서도
길을 찾기
위해

1977년 7월 13일 미국 뉴욕 맨해튼에 정전이 일어났어요. 그날 밤 3000명이 넘는 사람이 잡혀갔습니다. 한국 돈으로 약 3655억 원 상당의 피해가 발생했죠. 어둠을 틈타 닫힌 상점 문을 부수고, 불을 지르고, 값비싼 물건을 자기 것처럼 가져갔어요. 매캐한 연기는 더 짙고 강하게 뉴욕 밤거리에 퍼져 나갔습니다.

42년 뒤인 2019년 7월 13일 또다시 뉴욕 맨해튼에 정전이 발생했어요. 타임스 스퀘어의 전광판이 꺼졌습니다. '밀레니얼 합창단과 오케스트라' 공연 팀은 정전으로 카네기홀 공연이 취소되자 거리로 나섰습니다. 브로드웨이의 배우들도 극장 밖으로 나왔어요. 거리에서는 무료 공연이 펼쳐졌습니다. 신호등이 꺼진 교차로에는 자발적으로 교통정리에 나선 시민도 있었죠. 전기는 들어오지 않았지만, 서로 돌보는 마음과 아름다운 선율은 맨해튼 미드타

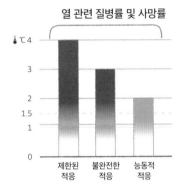

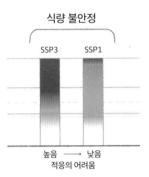

〈종합 보고서 SPM 그림3.3 d 인용〉

제한된 적응(능동적으로 적응 실패; 건강 시스템에 낮은 투자)
불완전한 적응(불완전한 적응 계획; 건강 시스템에서 중간 정도의 투자)
능동적 적응(능동적 적응 관리; 건강 시스템에서 더 높은 투자)

SSP1 경로는 낮은 인구 성장, 높은 소득, 감소된 불평등, 낮은 온실가스 배출 시스템에서 생산된 식량, 효율적인 토지 이용 규제 및 높은 적응 능력을 가진 세계를 보여 준다. SSP3 경로는 반대 경향을 보인다.

적응 및 공통 사회 경제 경로에 따른 기후 관련 위험 정도
열 관련 질병률 및 사망률은 동일하게 2도로 기온이 올라가도 적응 정책이 잘 펼쳐진 경우와 그렇지 못한 경우 다른 결과가 나오는 것을 볼 수 있다. 이와 같이 어떤 사회인지에 따라 같은 기온변화에서도 위험 정도가 다르다.

운의 빌딩 숲 사이로 퍼져 나갔습니다.

똑같은 위기였지만 벌어진 상황은 사뭇 달랐어요. 〈IPCC 제 6차 평가 보고서〉에 나온 설명처럼 기후변화로 인한 위기는 쉽사 리 안정되지 않을 것입니다. 하지만 그 속에서도 길을 찾을 수 있 어요. 위기가 오지 않게 최선을 다해 노력하고 위기가 오더라도 모두가 평화롭고 안전하게 통과할 수 있는 사회, 그렇게 세상을 바꾸는 것이 지금 우리가 찾아야 하는 길이에요.

IPCC는 제2실무그룹의 〈영향, 적응, 취약성' 보고서〉를 통해 어떻게 세상을 바꿔야 하는지 설명하고 있습니다.

기후변화 적응이 시급한가요?

제2실무그룹 FAQ 1.2

일부 지역에서는 더 강력한 폭염, 더 긴 가뭄, 더 빈번한 홍수, 점점 빠르게 올라가는 해수면과 태풍 해일(강력한 저기압인 태풍이 바다 위에 있으면 기압 차이로 해수면이 상승하고, 강력한 바람에 의해 지진 해일과 같은 높은 파도가 해안을 덮칩니다.) 같은 기후영향이 관찰되고 있습니다. 특히 섬과 해안 지역, 소외되고 가난한 사람들이 재난에 더 큰 피해를 입고 있습니다.

연구에 의하면 기후변화 미래 예측 시나리오 중 가장 희망적인 내용으로도 현재의 적응 준비는 매우 부족한 것으로 나타납니다. 정부, 기업, 시민 사회, 개인은 즉각적이며 장기적인 기후 행동을 지금보다 더 빠른 속도와 큰 규모로 실천해야 합니다.

기후변화에 성공적으로
적응하려면 무엇이 필요한가요?

제2실무그룹 FAQ 1.3

전 세계적으로 볼 때 성공적인 적응은 건강, 물, 식량 안보, 일자리와 고용, 빈곤 퇴치와 사회적 형평성, 생물 다양성, 국제적·국가적·지역적 차원에서 건강한 생태계 유지 등 지속가능 발전목표 17개를 얼마나 충족했느냐에 달려 있습니다.

성공적인 적응은 실행 가능해야 하고, 효과적이어야 하며, 정의의 원칙을 지켜야 합니다. 잘못된 적응 조치는 때때로 영향을 받는 개인 또는 공동체에 대한 위험과 취약성을 증가시킬 수 있습니다.

적응 행동의 정의로운 정도는 행동을 실행하는 과정, 행동을 선택하는 과정, 분배적·절차적·인정적 정의의 원칙이 존중되는 결과로 알 수 있습니다. 분배적 정의는 사회 구성원 전체에 걸쳐 행동의 혜택과 부담이 달라야 한다는 것입니다. (취약계층에게는 혜택이 많이 가야 하고, 소득 수준이 높거나 능력이 있는 계층에게는 부담이 더 가야 합니다. 즉, 공평이 실천되어야 합니다.) 절차적 정의는 행위에 대한 의사 결정 과정에서 공정성, 투명성, 포용성, 공평성 아래 기회를 보장하는 것입니다. 인정적 정의는 적응 행동에 가장 영향받는 사람의 어려움을 인정하고 포용하는 것입니다.

적응 효과는 온실가스를 얼마나 줄이는지, 즉 온실가스 완화 노력의 성공에 많은 영향을 받습니다. 적응은 완화 노력의 도움도 받지만, 때로는 완화 노력과 충돌할 수도 있습니다.●

변혁적 적응이 필요하다고 하는데 그것은 적응과 어떻게 다른가요?

제2실무그룹 FAQ 1.4

어떤 적응은 조금씩 서서히 현재의 사회 시스템이나 생태 시스템을 바꾸면 이뤄집니다. 하지만 시스템의 근본 속성을 바꿔야 하는 경우도 있습니다.

예를 들어 해수면 상승으로 인한 침수 피해를 막으려면 방조제를 쌓아야 합니다. 이것은 점진적인 적응입니다. 하지만 방조제가 영원히 침수 피해를 막을 수는 없습니다. 해수면 상승으로 위험이 예상되는 지역에 거주 금지 정책을 수립하고, 해안가에 사는 거주민 이주를 적극 지원하는 것이 변혁적 적응에 해당합니다.

변혁적 적응은 때로 강제적일 수 있습니다. 어느 정도 변혁적 적응을 실시해야 하는지는 온실가스 감축을 얼마나 했는지에 따라 달라질 수 있습니다. 변혁적 적응 정도가 온실가스 감축 수준에 따라 달라지기 때문에 어떤 경우 일부 변혁적 적응은 불가피할 수 있습니다.

파리협정 목표와 일치하는, 탄소배출을 적게 하는 경로에서는 부분적인 변혁적 적응이 필요합니다. 하지만 탄소배출을 많이 하는 경로에서는 광범위한 영역에서 변혁적 적응이 필요합니다. 변혁적 적응 조치를 충분히 하지 않으면, 기후 재난에 의해 사회 생태 시스템이 강제적으로 바뀔 수도 있을 것입니다.

적응이란 기후변화로 인한 위험을 예측하고 대비해 피해를 최소화하고, 이후 빠르게 회복할 수 있도록 조치를 취하는 것입니다. 기후 재난을 예상하며 그에 대응하는 능력을 키우고, 필요한 재정을 준비할 수 있도록 세상을 바꾸는 길을 안내하는 것이죠.

피해는 가장 취약한 곳에서 가장 심하게 일어납니다. 따라서 적응 방향과 목표는 취약한 곳을 안전하게 만드는 거예요. 그러니까 적응은 기울어진 세상을 바로잡는 일과 닮아 있답니다.

탱탱볼 같은 사회로 세상 바꾸기

섬나라 세이셸은 동아프리카 케냐와 탄자니아 해안에서 한참 떨어진 곳에 있습니다. 이 나라는 점점이 흩어진 115개의 작은 섬으로 이뤄져 있어요. 전체 면적은 서울보다 조금 작습니다. 하지만 이 섬은 육지 면적 대비 넓은 바다를 가지고 있습니다. 작은 섬끼리 멀리 떨어져 있는 탓에 배타적 경제 수역이 넓거든요.

세이셸은 바다에 기대어 사는 나라입니다. 잘 보존된 산호초가 있고, 혹등고래와 향유고래를 비롯한 다양한 크기의 고래, 듀공 등 해양 포유류가 여전히 안전하게 살고 있는 곳이죠.

그런데 세상에서 가장 평화로울 것 같은 이 섬나라에도 골칫거리가 있었어요. 주민이 10만 명도 안 되는 세이셸은 빚을 갚지 못해 곤란한 상황에 처해 있었죠. 게다가 최근에는 세이셸 경제의 2/3를 지탱해 주고 있는 해양 생태계가 플라스틱 해양 오염, 기후

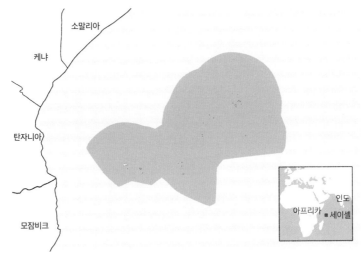

세이셸 군도
분홍색으로 표시된 영역은 배타적 경제 수역이고, 그 안의 검은 점들이 세이셸이다.

변화, 과도한 어획 등으로 위협받았어요. 세이셸은 이 같은 위험에 잘 견디고 회복할 수 있는 독특한 계약을 합니다. 일명 '자연을 위한 빚 교환' 계약이에요.

미국의 자연보호 단체인 국제자연보호협회(The Nature Conservancy)가 부채를 갚아 주고, 세이셸 정부는 13개의 해양보호구역을 조성하기로 약속했습니다. 세이셸은 독일보다 넓은 면적의 바다를 새로운 해양보호구역으로 정했어요. 이곳에서는 낚시와 석유 탐사는 물론 어떤 개발 행위도 엄격히 금지합니다. 불법 활동을 하다 걸리면 어마어마한 벌금을 내고, 심하면 감옥에 가야 해요. 가난한 여성들에게는 해변으로 밀려온 해초를 수거해서 퇴비로 만든 뒤 가정에서 사용하도록 자금을 지원했습니다.

국제자연보호협회는 부채 교환 계약을 맺기 위해서 수년 동안 해양 생태계를 면밀히 조사하고, 지역 어부의 피해를 최소화하면서 생태계를 지킬 수 있는 방법을 마련했어요. 레오나르도 디카프리오, 제레미 그랜섬, 리디아 힐 등 자선 사업가들의 지원으로 필요한 금액을 모았죠. 이들은 탱탱볼 같은 사회를 만들기 위해 연대했고, 이 빚 교환 계약 덕에 세이셸은 그들이 기대어 사는 바다를 지킬 수 있을 것입니다.

〈IPCC 제6차 평가 보고서〉는 블루마블 게임판 같은 그림으로 기후 탄력적 발전 경로를 설명하고 있어요. 기후위기라는 터널을 통과하는 과정을 나타냈는데, 출발점은 같아도 어떤 과정을 거치는가에 따라 터널을 통과한 후 미래 세계가 달라지죠.

기후 탄력적 발전 경로가 무엇인가요?

제2실무그룹 FAQ 18.1

보고서에서 '경로'는 자연과 인간 사회가 어떤 곳을 향해 가는지 시간의 흐름에 따라 예상한 것입니다. 일종의 미래 예측이며 시나리오 같은 의미입니다.

탄력적 발전 경로를 따라 미래로 향하는 길은 다양합니다.

지속가능한 발전을 강화하고, 가난을 끝내고, 불평등을 줄이고, 여러 영역과 다양한 규모에서 정의롭고 공정한 적응과 탄소배출 완화가 함께 일어나는 경로입니다. 기후 탄력적 발전 경로를 이루기 위해서는 사회적 변혁을 대규모로 일으켜야 합니다. 그래서 온실가스를 줄이는 방법에서도 윤리, 형평성,

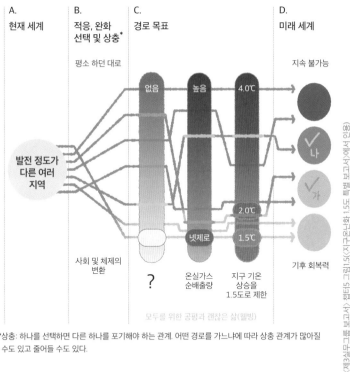

*상충: 하나를 선택하면 다른 하나를 포기해야 하는 관계. 어떤 경로를 가느냐에 따라 상충 관계가 많아질 수도 있고 줄어들 수도 있다.

기후 탄력적(회복력) 발전 경로
기후 회복력이 강하고 공평한 세계는 지속가능발전목표(SDGs)를 달성하는 동시에 지구온난화를 제한할 때 이뤄질 수 있다.

타당성을 세심히 살펴야 합니다. 모두를 위해 바람직하고 좋은 삶, 즉 복지가 이뤄지도록 노력해야 하는 것입니다.

물론 이를 추구하는 경로는 하나만 있는 것이 아닙니다. 정치적·문화적·경제적 요인 등에 따라 여러 경로가 있습니다. 사회는 어떤 경로를 취하는가에 따라 기후 탄력적 발전과 멀어지기도 하고, 가까워지기도 할 것입니다. 태풍이나 코로나19처럼 동일한 사건도 공평하고 회복력 있는 사회에서는 영향을 다르게 받았던 것처럼 말입니다.[●]

그림(168페이지)을 보면, 미래 세계 '가'는 잘 진행되는 것 같았는데 마지막에 예상보다 위로 올라가며 안 좋은 상황이 되었네요. 살펴보면 온실가스 순배출량도 많지 않고, 기온 상승 한계도 2도를 넘지 않았어요. 뭐가 잘못된 것일까요? '?' 영역에서 점수가 매우 나쁘네요. 거의 이뤄진 게 없군요.

이번에는 미래 세계 '나'를 살펴볼까요? '가'와 다르게 한 단계 낮아지며 예상보다 좋은 상황으로 바뀌었어요. 물론 '가'보다는 좋지 않지만 온실가스 순배출량도 매우 많고, 지구 기온 상승도 3도 가까이 되고 있어요. 그런데도 마지막에 한 단계 아래로 내려가 더 좋아졌어요. '?' 영역이 매우 잘 이뤄졌네요. '?'는 무엇일까요?

'?'는 지속가능발전목표입니다. 탄소중립 목표를 충분히 달성하지 못했지만 그 사회가 충분히 공평하고, 정의롭고, 돌봄이 잘 이뤄진다면 좀 더 밝은 미래를 기대할 수 있어요. 하지만 탄소중립을 실현했다 하더라도 그 사회가 지속가능발전목표에 한참 못 미친다면 긍정적인 미래를 기대하기 어렵습니다. 그림을 통해 우리는 가장 좋은 미래 사회란 기후변화 완화와 지속가능발전목표들이 최대한 서로 보완하고 상충되지 않을 때 가능하다는 것을 알 수 있어요.

정부뿐 아니라 사회 각계각층이 기후 탄력적 발전에 참여하고 영향력을 발휘하려면 어떻게 해야 할까요?

제2실무그룹 FAQ 18.3

기후 탄력적 발전은 다양한 정책 목표 간의 균형을 요구합니다. 한쪽에는 긍정적인 정책이 다른 쪽에는 부정적인 영향을 주는 것을 피해야 합니다. 따라서 기후 탄력적 발전을 추구하는 과정에서는 논쟁과 토론이 일어나는 것이 당연합니다.

이런 논쟁과 토론을 통해 다양한 행위자가 정부, 경제, 금융, 정치, 지식, 과학, 기술, 커뮤니티를 포함한 여러 분야에 참여할 수 있습니다. 정부와 각종 전문가뿐 아니라 지역 주민, 비정부기구(NGO) 및 시민 사회의 다양한 참여를 보장해야 합니다. 최근의 사회 운동과 기후 시위, 특히 주로 청년들이 이끄는 새로운 기후 운동은 정부와 기업을 움직이게 했습니다. 국가나 지역 단위에서 기후 비상사태를 선언하게 하는 정치적 성공을 가져왔고, 화석연료 후원을 끝내는 데 효과가 있었습니다.

최근의 기후 운동 성공은 사회에서 과학의 필요성을 확인하게 했습니다. 청년들은 주로 IPCC(2018)와 IPBES(2019)(IPBES는 생물다양성과학기구로 생물 다양성과 생태계 서비스에 대한 과학적 연구 보고서를 정리하고 정책 결정에 도움을 주는 정부 간 협의체를 의미합니다. 이 보고서는 생물 다양성 분야에서 IPCC 보고서와 같은 위상을 가집니다.)의 과학 보고서를 바탕으로 행동하고 있습니다. 단순히 과학계의 연구 결과만으로는 오늘날의 기후위기 대응 실천이 나올 수 없었습니다. 다양한 기후 운동이 결합하면서 대중의 인식과 참여가 활발해졌습니다.◉

기후 탄력적 발전이 이뤄지려면 무엇이 필요한가요?

제2실무그룹 FAQ 18.4

에너지, 육상 및 해양 생태계, 도시 및 인프라, 산업. 이 4가지 주요 시스템을 전환해야 기후 탄력적 발전이 가능합니다. 또한 기후위기 대응을 위한 의지, 낭비를 줄이는 현명한 소비, 라이프 스타일의 변화를 이끄는 가치관 및 세계관의 변화(사회적 전환)도 매우 중요합니다. 사회적 전환을 한다는 것은 윤리, 형평성, 정의, 포용성의 원칙을 바탕으로 대안을 선택하고 결과를 평가한다는 의미입니다.

이러한 주요 시스템과 가치관 및 세계관의 변화를 통해 더 다양한 해결책과 더 효과적이고 공평한 선택지들을 사람들에게 제공함으로써 지속가능한 발전, 적응, 완화를 더 빠르고 더 깊이 있게 실현할 수 있습니다. 물론 모든 사람이 이런 전환을 추구하는 방식을 바람직하게 여기지 않을 수 있습니다. 하지만 주요 시스템의 전환은 근본적인 기후와 지속가능한 발전을 위한 필수 전제 조건이며, 사회적 전환을 이끄는 변혁적 행동을 통해 이러한 시스템의 전환이 일어날 수도 있습니다.◉

기후 탄력적 발전의 성공 기준은 무엇인가요?
제2실무그룹 FAQ 18.5

성공 목표는 정할 수 없습니다. 왜냐하면 기후 탄력적 발전의 핵심은 '계속, 현재 진행형'이기 때문입니다. 이는 우리 사회에 어떤 가치가 중요한지, 이 가치를 바탕으로 어떤 완화 및 적응 정책을 실현해야 하는지, 현재 제안되는 여러 정책이나 방법이 우리 사회가 추구하는 가치에 맞는지 평가하고 조정하는 지속적인 과정이며, 추구하는 가치에 대한 논쟁과 토의에 의해 형성됩니다.

기후 탄력적 발전의 구체적인 기준은 인구 또는 시스템의 우선순위와 요구 사항에 따라 달라질 것입니다. 이처럼 특정 상황에 따라 달라지기 때문에 어느 시기에 '성공했습니다'라고 말할 수 없습니다. 다만 기후 탄력적 발전이 지속가능한 발전을 위한 완화와 적응 정책으로 정의된다면, 성공을 위한 잠재적 기준은 안전한 기후를 확보했는지, 기본적인 필요를 충분히 충족했는지, 빈곤을 없앴는지, 모든 사람을 위해 공평하고 정의롭고 지속가능한 발전이 가능하도록 탄소배출 완화와 적응 조치를 취했는지가 될 것입니다.[*]

재난 발생 지역의 비공식 거주지(쪽방촌, 비닐하우스 주택, 고시원 등)를 리모델링하고 저렴한 주택을 보급하면 지속가능발전목표 11번 '지속가능한 도시와 주거지'에 도움을 줄 수 있어요. 반면 지역 주민의 요구를 무시하고 회복력 증가를 목표로 도로 같은 사회기반 시설을 만들 경우, 소수 몇 명의 손에 토지, 자본, 자원이 집중되고 지역 주민은 값싼 노동력만 제공하게 될 수 있죠. 이것은 지속가능발전목표에 악영향을 주는 적응 정책이 될 거예요.

〈IPCC 제6차 평가 보고서〉 작성 과정에는 원주민(선주민)이 직접 참여했답니다. 보고서는 오랜 세월 입에서 입으로 전해 내려오는 지식을 보유한 원주민의 전통 지식과 과학을 통합하는 것이 제대로 된 적응력과 회복력을 키우는 정책 실현 방법이라고 이야기해요.

2011년 핀란드 사미족은 부족 공동체에서 토착 지식과 과학을 활용해 테너강의 송어 및 회색 송어의 산란과 서식지를 복원할 수 있었습니다. 조상 대대로 내려오던 테너강 생태계에 대한 이해가 큰 역할을 했죠. 한편 북극 바다 위의 얼음에서 살아온 이누이트는 생존을 위해 해류와 해빙 간의 관계를 배우고 또 계속 전달해 왔어요. 그래서 나사NASA의 과학자들은 위성 사진과 이누이트 원주민의 관찰을 비교해 해빙 지도를 만들며 기후변화의 징후를 포착하고 데이터를 구축하고 있답니다.

기후변화는
윤리적인 문제

기후변화는 윤리적인 문제라고요? 기후변화는 과학이나 경제와 관련된 문제 아닌가요?

〈IPCC 제6차 평가 보고서〉 제3실무그룹의 첫 장에는 아래와 같은 말이 있습니다.

"기후변화는 '완벽한 윤리적 폭풍'이다."

한 학자의 책을 인용해 기후변화의 특징을 설명하는 구절입니다. 왜 기후변화는 폭풍처럼 얽혀 몰아치는 윤리적인 문제라는 것일까요?

1인당 국내총생산과 인구 증가가 이산화탄소를 늘리는 데 중요한 역할을 했습니다. 지난 10년간 대기에 늘어난 순이산화탄소량은 1.5도로 유지하기 위해(67% 확률) 남은 탄소예산과 거의 같았어요. 그 10년간 개발 도상국에서 배출량이 계속 증가해 온 것이 사실입니다.

그런데 여전히 개발 도상국의 1인당 배출량은 적고, 역사적으로 총배출량도 선진국보다 적어요. 가장 가난한 국가와 작은 섬나라는 여전히 아주 적은 양만을 배출할 뿐이에요. 산업혁명이 시작된 이후 현재까지 가장 가난한 개발 도상국인 최빈 개도국은 총 누적 이산화탄소 배출량의 0.4%, 작은 섬나라인 군소 도서 개발 도상국은 0.5%만을 더했습니다.

반대로 선진국은 역사적 누적 배출량에서 약 57%를 차지합니다. 그런데 현재뿐 아니라 미래에도 기후변화로 직간접적 피해를 가장 많이 받을 것으로 예상되는 국가는 최빈 개도국과 군소 도서 개발 도상국이에요. 기후변화 책임이 가장 적은 나라가 가장 큰 피해를 보고 있다는 것이죠. 그래서 기후변화 문제는 윤리적 문제라고 이야기하는 것입니다.

국가 간의 불평등만이 문제일까요? 보고서는 계층별 불평등에 대해서도 설명하고 있습니다. 1980년 이후 세계에서 가장 부유한 상위 1% 개인은 하위 50% 개인보다 경제적으로 2배 더 성장했어요. 소득 상위 10%는 전 세계 배출량의 37%를 차지하고, 하위 50%는 전 세계 배출량의 13~15%만을 차지해요. 또 어떤 연구에 의하면 소득 상위 1%의 평균 탄소배출량은 하위 10%보다 175배 많을 수 있다고 합니다.

앞으로 이런 경향이 계속된다면 남아 있는 상당량의 탄소예산은 누가 사용할까요? 상위 1%나 10%의 소비로 대부분 사용한다면, 비록 도둑질한 것은 아니어도 모두가 사용해야 할 물건을 많은 사람이 쓸 수 없게 하는 것과 같아요. 그래서 기후변화는 윤리적 문제인 것입니다.

기후변화는 왜 가난하고 취약한 계층에게 더 큰 피해를 주나요? 또 기후변화로 불평등이 악화되는 이유는 무엇인가요?

제2실무그룹 FAQ 8.1

기후변화는 불평등을 악화하는 경향이 있습니다. 불평등으로 인해 같은 재해를 당해도 복구할 수 있는 능력 자체가 다르기 때문입니다.

끔찍한 일이지만 부유한 사람 집이 홍수로 휩쓸려 갔다면 재건축할 자원이 넉넉하고, 복구를 지원하는 보험도 있고, 홍수가 발생하지 않을 곳에 다시 집을 지을 수도 있습니다. 하지만 가난하고 정부 지원이 충분하지 않은 나라에 살 경우 홍수로 인해 집이 파괴되면 노숙자가 될 수 있습니다. 같은 홍수라도 위험에 대처하고 적응하는 능력에 따라 매우 다른 영향을 미칠 수 있는 것입니다. 가난하기 때문에 재난에 큰 피해를 입고 더 가난해져 불평등이 심화됩니다.

이런 영향은 비단 소득 수준에 의한 것만은 아닙니다. 이들은 차별, 성별 및 소득 불평등, 자원에 대한 접근성 부족(예: 장애인 또는 소수 집단) 때문에 기후변화에 대비하고 대처하며 회복하는 데 필요한 자원이 부족해서 기후변화 영향에 더 취약합니다. 따라서 적응 조치와 정책이 없다면 이 취약성은 점점 증가할 것입니다.●

세계 어느 지역이 취약한가요? 또 그곳에 얼마나 많은 사람이 살고 있나요?

제2실무그룹 FAQ 8.2

높은 빈곤율과 인구 증가율, 사회 기반 시설을 잘 이용할 수 없는 상황, 가난한 국가, 낮은 평균 수명, 낮은 생물 다양성…. 이처럼 상호 영향을 끼치는 해결 과제가 많은 국가나 지역일수록 기후 위험 대응이 어렵습니다.

예를 들어 어떤 지역이 이미 빈곤에 시달리고 있는데, 물과 위생 시설 같은 사회 기반 시설을 갖추기 위해 노력하는 상황에서 가뭄이 발생한다면 더 많은 굶주림, 빈곤, 건강 악화가 상황을 더욱 어렵게 만들 것입니다.

아프리카, 남아시아, 태평양, 카리브해 지역이 위와 같은 이유로 기후변화에 취약한 곳입니다. 이 지역에는 중서부 아프리카같이 취약한 국가가 이웃한 경우가 많습니다. 가난한 국가가 모여 있는 지역은 특별한 주의가 필요합니다.

약 33억~36억 명이 기후변화 영향에 매우 취약한 지역에 살고 있습니다. 가장 안전하다고 분류한 지역에 거주하는 사람보다 훨씬 많은 수입니다. 물론 덜 취약한 지역에도 매우 취약한 집단과 개인이 있습니다. 부유한 도시 내의 소외되고 가난한 소수입니다. 그러므로 기후변화 적응을 지원하는 프로그램은 취약 지역이나 국가뿐 아니라 개인이나 집단에도 초점을 맞춰야 할 것입니다.◉

기후변화가 가난한 사람들에게 미치는 위험을 줄이려면 무엇을 해야 할까요?

제2실무그룹 FAQ 8.4

다양한 적응 정책을 실행해야 합니다. 맹그로브, 습지, 농지 같은 자연 자산과 건강, 기술, 원주민 지식 같은 인적 자산 영역에도 국가나 민간 차원의 투자가 있어야 합니다. 휴대 전화 연결, 주택 및 전기 보급이나 농민 협동조합 같은 공동체 지원도 필요합니다. 폭풍 해일의 영향을 줄이도록 방파제를 건설하고, 맹그로브를 다시 심고, 기후변화에 맞게 작물이나 농사 시기를 바꿔서 위험을 줄일 수 있도록 해야 합니다.

법적인 조치도 필요합니다. 홍수가 발생하기 쉬운 저지대에 건축을 금지하는 법을 시행하고, 기상 정보 및 조기 경보 시스템을 도입해야 합니다. 가난한 사람들이 나무를 자르는 것을 막고, 나무를 심을 수 있도록 지원금을 주는 인센티브 제도도 필요합니다. 적응 정책이 기존의 불평등을 더욱 심화하지는 않는지 살펴야 하며, 또 다른 불평등이 발생하는 구조가 있다면 막아야 합니다. 가장 중요한 것은 생계 지원을 포함한 기후변화 위험을 감소하려는 노력의 중심에 피해 당사자들의 목소리를 듣는 정치적 배려가 있어야 한다는 점입니다.◉

기후위기는 인간이 만들었지만 모두에게 같은 책임이 있지 않죠. 오히려 책임이 작은 집단이 가장 큰 피해를 입는 것이 현실임을 인식해야 해요. 또 기후 위험에 대응하는 여러 사람과 국가 역량이 같지 않다는 것을 분명히 알아야 하죠. 보고서는 적절한 생활 수준을 훨씬 넘는 사람들의 온실가스 배출을 줄이는 것으로 취약 계층 온실가스 배출의 불평등을 해결할 수 있다고 이야기해요.

우리의 잘못된 행동 때문에 기후위기 피해를 입을 것이 예상되지만, 아직 태어나지도 않아 자신들의 권리 보호를 주장하는 목소리를 낼 수 없는 미래 세대가 있다는 것도 기억해야 해요. 기후 불평등을 더욱 악화하거나 새로운 불평등을 만들지 않으려면 잘 계획한 적응 및 완화 조치가 반드시 필요합니다. 이러한 조치와 온 난화를 1.5도로 제한하는 것이 연결되어야 기후변화에 제대로 대 응할 수 있답니다.

과학기술로 기후변화를 막을 수 있지 않을까요?

〈IPCC 제6차 평가 보고서〉는 세계가 배출량 넷제로와 탄소중립을 실현하려면 대기에서 이산화탄소를 직접 제거하는 기술 사용이 불가피하다고 밝혔어요. 항공, 제철, 시멘트 등 일부 산업같이 현재 탄소배출 감소가 어려운 곳에서 이산화탄소를 직접 제거하는 방법을 사용할 수밖에 없다는 것이죠.

농작물 재배를 통해 광합성으로 공기 중 이산화탄소를 흡수·수확해 디젤, 에탄올, 목재 펠릿 등 다양한 바이오 에너지(연료)로 이용하고, 이때 발생하는 이산화탄소를 다시 포집하는 방법(BEC-CS, 바이오 에너지 탄소 포집 및 저장)도 있어요. 나무를 심어 숲을 만드는 것으로도 가능하고요. 일부에서는 대형 선풍기 같은 기계 장치와 화학적 처리를 통해 공기 중 이산화탄소를 분리 저장할 수도 있다고 주장한답니다.

대기에서 직접 이산화탄소를 제거하는 기술을 사용하면 기후변화 완화에 도움이 되나요?

제3실무그룹 FAQ 12.1

기온 상승을 산업화 이전 대비 최소한 2도 이내로 막거나, 이산화탄소나 온실가스를 넷제로로 만들려면 배출량을 줄이는 것만으로는 부족합니다. 대기 중에 배출된 이산화탄소를 제거하는 기술을 일부 사용해야 합니다. 하지만 주의가 필요합니다. 비용도 발생하고, 사용 기술이 모두에게 이익인지 확실하지 않습니다. 생태계 어느 한 부분에서 긍정적인 영향을 주는 것이 다른 쪽에는 부정적인 영향을 줄 수도 있습니다.

숲으로 가 볼까요? 기존에 건강하던 숲이 황폐화되었을 때 복원하는 것을 재조림이라고 하고, 숲이 없던 곳에 새로운 숲을 만드는 것을 조림이라고 합니다. 조림이나 재조림을 통해 숲이 다시 울창해지면 광합성량이 늘어나 대기 중 이산화탄소를 제거할 수 있습니다.

하지만 과거에 논밭이었던 곳을 숲으로 복원하면 그만큼 농산물 생산량이 줄어드니 곡물 부족이나 이로 인한 곡물 가격 상승을 불러올 수 있습니다. 초원이 숲이 될 경우 초원에 살던 생물 생태계가 축소되거나 파괴되어 생물종 다양성이 줄어들 수 있습니다.

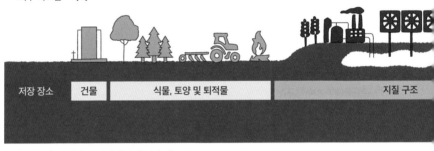

탄소 제거 방법	산림 조성, 숲 복원, 산림 관리 개선	토양 탄소 격리	바이오 숯	탄소 포집 및 저장 기술을 사용한 바이오 에너지	공기 중 직접 CO_2 포집 저장
실행 방안	혼농임업	땅을 갈아엎지 않는 농업	농산물 및 임업 찌꺼기		고체 흡착제
	나무 심기	목초지 관리	도시 및 산업의 분해 가능한 폐기물		액체 용매
	목재 사용 건축		바이오 에너지를 위해 기르는 작물		
	바이오 기반 제품				

지구 시스템 **육지**

저장 장소	건물	식물, 토양 및 퇴적물	지질 구조

이산화탄소를 제거하는 여러 방법과 저장 장소

나무뿐 아니라 암석도 대기 중 이산화탄소를 흡수합니다. 현무암이나 화강암에는 지구에 풍부한 규산염이 있습니다. 규산염이 대기 중 이산화탄소가 녹아 있는 비와 만나 화학적 풍화 작용이 일어나면 중탄산 이온으로 변환되어 강을 통해 바다로 운반됩니다. 지구 기온이 올라가면 이러한 풍화 작용은

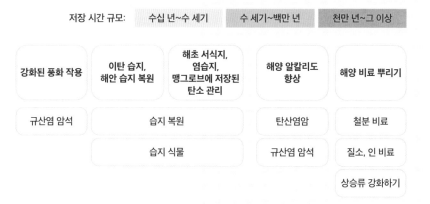

저장 시간 규모:	수십 년~수 세기	수 세기~백만 년	천만 년~그 이상

강화된 풍화 작용	이탄 습지, 해안 습지 복원	해초 서식지, 염습지, 맹그로브에 저장된 탄소 관리	해양 알칼리도 향상	해양 비료 뿌리기
규산염 암석	습지 복원		탄산염암	철분 비료
	습지 식물		규산염 암석	질소, 인 비료
				상승류 강화하기

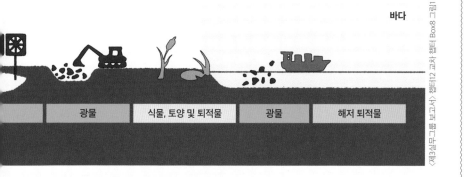

바다

광물	식물, 토양 및 퇴적물	광물	해저 퇴적물

〈제3실무그룹보고서〉〈챕터12 교차 챕터 Box8 그림1〉

좀 더 활발하게 일어납니다.

하지만 이것은 지질학적 시간 규모(수백만 년)에서 효과가 있는 것으로 현재 기후변화를 막는 방법은 아닙니다. 일부 연구에서는 현무암을 분쇄해 척박한 토양에 광범위하게 뿌려, 화학적 풍화 작용을 활발하게 일으키는 방법을 제안하기도 합니다.

화학적 방법을 사용하는 기술도 있습니다. 화학 물질이 있는 거대한 팬을 돌려, 통과하는 공기 중에서 이산화탄소를 제거하는 직접대기탄소포집저장기술입니다. 화학 물질을 사용해 발전소 같은 배출원에서 나오는 배출 가스에서 이산화탄소만 포집해 지층에 가두는 방법도 있습니다.

바다에 석회를 뿌리면 석회에 의해 대기 중 이산화탄소 흡수가 활발하게 일어날 수 있습니다. 또 배출되는 이산화탄소와 석회를 반응시켜, 중탄산 이온 등으로 바꿔 바다에 직접 흘려보내는 방법도 있습니다. 이것은 바다의 알칼리도를 높여 해양 산성화를 줄이는 데 도움을 줄 수 있습니다. 하지만 양식, 어업 활동, 해양 레저 활동에 어떤 영향을 줄지 불확실한 부분이 있습니다.

이런 기술들을 활용해 대기 중 이산화탄소를 줄일 수 있습니다. 하지만 이것은 화석연료 사용 중단을 한 후에도 일부 남아 있는 산업 부문 등에만 제한적으로 사용할 수 있습니다. 현재 다양한 화학 물질의 비용, 안전성, 효율 등을 검증하기 위한 연구를 진행하고 있지만, 여전히 불확실한 부분이 있습니다.◉

지구에 '마스크' 씌우기
태양 빛을 가리는
공학 기술

지구 시스템을 대상으로 직접 공학 기술을 사용하는 방법은 어떨까요? 그중 지구에 들어오는 태양 복사 에너지를 반사 또는 산란해서 온도 상승을 막는 방법을 태양 지구 공학(태양 복사 관리)이라고 해요. 선글라스처럼 햇빛을 가리도록 엄청나게 크고 얇은 막을 우주 궤도에 띄우거나, 성층권에 햇빛을 반사하거나 산란해 지표에 도달하는 양을 줄이는 에어로졸을 방출하거나, 주로 지구 복사 에너지를 가두는 역할을 하는 높은 곳의 구름을 없애거나, 건물의 지붕이나 외벽을 하얗게 칠해 반사도를 높이거나, 작물 잎사귀가 반짝거리도록 유전자 조작을 하는 방안 등이죠.

바다에 아주 작은 거품을 많이 발생시켜 햇빛을 차단하거나 바다 위 구름을 밝게 만드는 기술도 있습니다. 좁은 곳에만 영향을 주는 기술, 지구 대기 전체에 영향을 주는 기술, 비용이 많이 드는 기술, 비교적 저렴한 기술 등 다양한 특징을 지닌 방법이 있어요.

2024년 4월 4일 미국 샌프란시스코만의 거대한 퇴역 항공 모함에서 한 실험이 조용하게 진행되었어요. 현재 해양 박물관으로 사용하는 선박에서 물대포를 작동해 바닷물을 하늘 위로 분사하는 것이었죠. 일명 '바다 구름 화이트닝' 태양 지구 공학 기술입니다.

구름은 물방울이 모여서 만들어집니다. 물방울은 황산염, 꽃가루, 재, 자동차 배기가스, 먼지 같은 에어로졸에 잘 들러붙기 때문에 쉽게 구름이 되죠. 그런데 바다 위 대기에는 육지에 비해 이런 에어로졸이 매우 적습니다. 육지에는 $1cm^3$당 수천~수만 개의 에어로졸이 있는 반면, 바다에는 $1cm^3$당 수백 개뿐이죠.

만약 바다 위 대기에 소금 알갱이가 많아지면 어떻게 될까요? 작은 물방울이 많이 생기겠죠. 작고 촘촘하게 모여 있는 물방울은 햇빛을 잘 흩어 놓아 밝고 하얀 구름을 만들어 더 많은 태양 에너지가 지표에 들어오는 것을 막습니다.

'바다 구름 화이트닝' 태양 지구 공학 기술은 물대포를 이용해 바닷물을 계속 분무해서 작은 소금 알갱이를 많이 만드는 것입니다. 시뮬레이션에 따르면 이러한 방법으로 바다 위 구름을 15% 정도 밝게 만들면, 주변 기온이 0.55도 정도 낮아질 것이라고 합니다.

그런데 왜 이 실험을 비밀에 부치다시피 진행했을까요? 반대 여론이 만만치 않았기 때문입니다. 지구를 대상으로 직접 실행하는 공학 기술에 대해서는 논란이 많습니다.

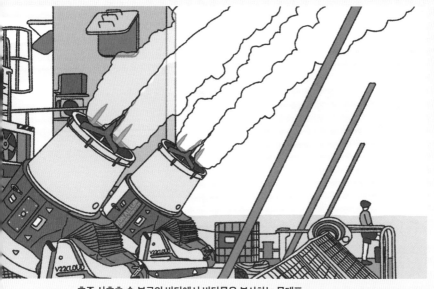

호주 산호초 숲 부근의 바다에서 바닷물을 분사하는 물대포
낮게 떠 있는 구름에 소금물을 뿌려 구름을 이루고 있는 물방울을 더 많이 만든다. 이것으로 태양 빛이 더 많이 반사되게 해 온도를 낮춘다는 계획이다.

하버드대학교에서 진행하는 태양 지구 공학 프로젝트로, 성층권에 황산염이나 탄산 칼슘을 주입하는 일명 '인공 화산 분출' 태양 지구 공학 실험(SCoPEx, 성층권 제어 섭동 실험)의 경우 수년간 연기하다 공식적으로 중단을 선언하기도 했습니다. 인공 화산 분출은 1991년 6월 14일 필리핀 피나투보 화산 폭발로 분출된 2000만 톤의 이산화황이 성층권을 통해 전 지구를 돌며 수년간 지구 평균 기온을 0.2~0.5도 냉각시킨 것에서 착안했습니다. 화산이 분출한 것처럼 인공적으로 성층권에 이산화황을 지속적으로 주입

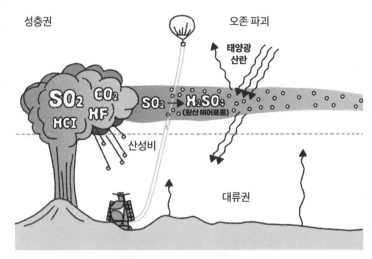

'인공 화산 분출' 태양 지구 공학 실험
대형 풍선을 성층권까지 올리고, 풍선을 통해 황산 에어로졸을 형성할 수 있는 물질을 성층권에 지속적으로 공급해 태양광이 지표에 들어오는 것을 줄이는 실험이다.

하면 지구 기온을 낮출 수 있다는 것이죠.

이 공학 실험이 번번이 연기된 이유도 반대 여론이 강했기 때문입니다. 2018년부터 실험 장소를 찾지 못해 계속 연기하다가 2021년 스웨덴 에스란지 우주 센터에서 발사 허가를 받아 장비 등을 다 준비했습니다. 하지만 지역 사회의 강한 반대에 부딪혀 또다시 연기했습니다.

2024년 3월 하버드대학교는 더 이상 이 실험을 진행하지 않고, 그동안 개발한 공학 기기 등은 성층권 연구를 위해 사용할 것이라고 공식 발표했습니다. 하지만 이렇게 지역 사회와 소통하며 지구 공학 기술을 연구하는 집단만 있는 것은 아닙니다. 2022년 일부 민간 기업의 후원을 받은 연구 단체가 소량이기는 하지만 성층권에 이산화황 주입 실험을 한 사례가 있습니다.

과학자 집단 사이에서도 이같이 지구를 대상으로 하는 태양 지구 공학 기술 실험에 대한 찬성과 반대 입장이 갈리고 있습니다. 한 과학자 집단은 아예 태양 지구 공학 기술 사용 금지 협약을 추진하며, 연구비의 공적 지원 반대 여론을 형성하고 있기도 합니다. 물론 이러한 흐름과 반대로 지구 공학 연구를 옹호하는 공개 서한을 발표하는 과학자도 있습니다. 왜 이런 실험은 계속 논란인 것일까요?

첫째, 이 기술을 사용하면 지구 시스템에 어떤 영향을 줄지 누구도 예측할 수 없기 때문입니다. 실험을 해 보는 것도 쉽지 않습니다. 어떤 피해가 올지 모르는 상황에서 어디에서 실험할 수 있을까요? 또 어디에서 실험할지 누가 결정할 수 있을까요?

둘째, 태양 지구 공학 기술을 사용한다고 해도 대기 중 이산화탄소가 줄어드는 것은 아니죠. 햇빛을 막는 기술이니까요. 만약 공학 기술을 사용하다 어떤 이유로 갑자기 중단한다면, 그동안 꾸준히 증가한 이산화탄소에 따른 지구온난화 효과가 급격하게 영향을 미칠 거예요. 보고서의 한 저자는 이런 걱정과 함께 태양 지구 공학 기술을 마스크에 비유했습니다. 코로나19 상황에서 마스크를 쓰는 이유는 백신처럼 바이러스를 치료하려는 것이 아니라 방어하려는 데 있죠. 태양 지구 공학 기술은 단지 시간을 버는 것뿐이고, 코로나19 시기 마스크 역할과 같다는 것입니다. 또 이 기술을 사용하는 동안에도 대기 중 이산화탄소 농도가 계속 증가해 해양 산성화는 더 심화될 수 있겠죠.

셋째, 이 기술을 사용하면 여러 국가와 기업에서 눈앞의 이익을 위해 탄소배출을 줄이는 노력을 축소하지 않을까요?

넷째, 이 기술 사용과 관련해 어느 단위에서 논의를 진행할 수 있을까요? 또 어떤 협약을 몇 개나 성사해야 기술 사용이 가능할까요? 1.5도를 막기 위한 노력에 집중해서 빠르게 탄소배출을 줄여야 하는 이 시점에 가능할까요? 된다고 하더라도 가난하거나 경제력이 낮은 국가가 자신의 이익이나 피해를 충분히 대변하고 반영할 수 있을까요? 해결해야 할 문제는 오히려 기술이 아닌 듯합니다.

녹색 황금 바이오 디젤의 검은 미래?

2024년 3월 세계무역기구(WTO)는 팜유 바이오 디젤과 관련해 말레이시아가 EU를 상대로 낸 소송에서 EU의 손을 들어 줬습니다.

EU는 2003년부터 재생 에너지 생산을 늘리기 위해 바이오 디젤을 포함한 바이오 에너지 생산을 적극 지원해 왔어요. 그런데 2018년 EU는 입장을 바꿉니다. 바이오 에너지 중 팜유를 이용한 바이오 디젤을 재생 에너지에서 제외해 버렸어요. 바이오 디젤의 원료인 작물 재배가 열대 우림을 훼손한다는 이유였죠. 인도네시아와 말레이시아는 바이오 디젤 세계 수출 1, 2위 국가입니다.

어떻게 그렇게 많은 바이오 디젤을 생산할 수 있었을까요? 두 나라는 넓은 열대 우림을 가지고 있어요. EU 입장은 두 나라가 열대 우림 나무를 베어 내고 그곳에 대규모 팜 야자나무를 심었다는 거예요. 물론 열대 우림에서 조상 대대로 살던 원주민은 갑자기 생계를 위협당하고 말았겠죠. 원주민뿐 아니라 땅을 빌려서 농사 짓던 소작농도 논과 밭을 잃어버렸고요. 돈이 되는 팜 야자나무가 쌀, 카사바, 옥수수가 있던 곳에서 자라고 있어요. 열대 우림에 살던 다양한 생물은 어떤 이주 통보도 받지 못한 채 뿔뿔이 흩어지거나 운명을 달리했겠죠.

바이오 디젤이 국가 주요 산업인 말레이시아의 소송은 당연한 듯합니다. 그런데 말이죠. 바이오 에너지를 생산하고, 그것을 이용해 차량이나 비행기를 운행하고 발전소를 가동하면 석유나 석탄을 사용하는 것보다 탄소배출이 적은 것은 맞지 않나요? 새롭게 이산화탄소를 배출하는 것은 아니니까요. 하지만 숲이 보존되어 있었다면 배출되지 않았을 탄소가 배출된 것이죠. 토지 이용의 변화로 인한 배출은 나무가 사라져서만은 아니에요. 나무가 뽑히고 토양이 뒤집어지며 새롭게 배출되는 탄소량도 많거든요.

발전소 등에서 바이오 디젤을 사용할 때 탄소 포집 기술을 이용하면 되지 않느냐고요? 포집 기술을 사용하더라도 숲이 지키고 있던 생물종 다양성 문제나, 원주민과 소작농의 생존권 문제는 여전히 해결되지 않겠죠. 팜 야자나무를 키우는 데 들어가는 물과 에너지뿐만 아니라 바이오 디젤을 수출·운송하며 드는 에너지 등 바이오 디젤을 생산하기 위해 배출하는 이산화탄소가 생각만큼 적지 않다는 연구도 나오고 있답니다.

대규모로 바이오 에너지 작물을 키우면
어떤 영향이 있기에 논란인 건가요?

제3실무그룹 FAQ 7.3

바이오 에너지 작물이란 키운 식물을 직접 태워 전기를 생산하거나, 에탄올이나 디젤 같은 연료로 만드는 것을 말합니다. 이 과정에서 발생하는 이산화탄소를 포집해 땅속에 장기간 저장할 경우 '바이오 에너지 탄소 포집 및 저장(BECCS, Bioenergy with carbon dioxide capture and storage)'이라고 합니다.

〈제5차 평가 보고서〉 중 온난화에 의한 온도 상승이 1.5도가 넘지 않도록 미래 예측 시나리오를 만들면서 BECCS를 상당량 사용하는 방법을 포함해 논란이 생겼습니다. 이 방법은 대기에서 탄소를 완전히 제거하는 것처럼 보이지만 규모가 클 경우 토지, 물, 에너지가 상당히 필요합니다.

한 연구에 따르면 이 방법으로 2100년에 매년 11.5Gt-CO2-eq의 탄소를 제거하려면 전 세계 경작지나 농경지의 25~46%가 필요하다는 계산이 나왔습니다. 이 경우 농지를 확보하려는 경쟁은 식량 생산 및 식량 안보를 심각하게 위협할 수 있습니다. 또 생물 다양성, 수질과 토양 질, 아름다운 경관 가치를 해칠 수 있습니다.

최근에는 이 방법을 포함하는 시나리오가 현실적으로 가능한 범위로 줄었지만 여전히 걱정은 남아 있고, 모델에 대한 신뢰성이 낮아 개선이 필요합니다. BECCS 기술을 대규모로 사용하지 않도록 다른 이산화탄소 제거 방법이나, 다른 부문에서 좀 더 탄소배출을 줄이는 방법 등을 찾아야 합니다.◉

하지만 인도네시아와 말레이시아는 주요한 수출 통로가 막혀 버리면 경제적 타격이 클 거예요. 게다가 두 나라는 중국 등 새로운 수출국을 찾고 있어서 실제로 팜유 바이오 디젤 생산이 줄어들어 숲을 보호할 수 있을지도 의문입니다. 또 처음 바이오 디젤 시장을 키운 데는 EU도 역할을 했죠.

바이오 에너지가 진짜 재생 가능한 에너지가 되려면 기존의 열대 우림이나 습지를 훼손해서는 안 됩니다. 원주민과 소작농, 작은 규모의 팜 오일 농장을 가지고 있는 관계자도 새로운 협상 테이블을 만들어 참여하도록 해야 해요. 석유와 석탄, 천연가스 생산을 중단하면 그 자리를 바이오 연료가 일정 부분 채울 것입니다.

탄소배출량만 줄인다고 다 좋은 것은 아닐 거예요. 우리가 찾아야 하는 것은 탄소배출을 줄이면서도 많은 존재가 공평하게 존중받을 수 있는 방법입니다. 숲도, 생물도, 토양도, 그리고 그곳에 기대어 오래도록 살아야 할 많은 사람도 말이죠.

우리에게는
기후변화의 동맹군이
있어요

그거 아세요? 기후변화를 일으켰지만 기후변화를 막기 위해 애쓰는 인류에게 실은 동맹 세력이 있다는 거요. 바로 숲과 토양 그리고 바다예요. 숲, 토양, 바다는 인간이 배출하는 이산화탄소의 절반 가까이를 흡수해 대기에 새롭게 축적되는 양을 줄이고 있어요.

인류는 코로나19 때 중요한 교훈을 깨달았죠. '내가 건강하려면 모두가 건강해야 한다.' 기후위기의 심각함을 뒤늦게 알고 나서 또 하나의 교훈을 얻었네요. '동맹군이 안전해야 우리도 안전할 수 있다.' 동맹군이 사라지거나 위험에 처하면 그만큼 인류가 줄여야 하는 대기 중 이산화탄소량이 늘어난답니다. 동맹군의 안전이 인류 안전의 조건인 것이죠.

나무 심기로 기후변화에 태클을 걸 수 있을까요?

제2실무그룹 FAQ 2.6

물론입니다. 모든 살아 있는 식물이 그렇듯이 숲속 나무도 광합성을 통해 대기 중 이산화탄소를 제거합니다. 나무가 흡수한 탄소는 줄기와 뿌리에 저장되기 때문에 상대적으로 장기간 탄소를 가둬 둘 수 있습니다.

어디 그뿐입니까? 그늘을 제공하고, 증산 작용을 하면서 주변 기온을 낮추고, 대기 오염을 줄이고, 토양 침식을 방지하고, 물의 흐름을 늦춰 홍수 위험을 줄일 수 있습니다. 기후변화로 인간이 입을 수 있는 피해를 줄이는 데도 큰 도움이 됩니다. 하지만 반드시 지켜야 할 것이 있습니다. '어디에, 어떤 나무를'입니다.

넓은 초원에 나무를 심는다고 생각해 보세요. 물론 숲을 개간해 초원으로 만든 곳이 아니라 수백 년 전부터 초원이었던 곳을 이야기합니다.

초원에는 오래전부터 안정적으로 유지된 생태계가 있습니다. 다양한 동식물이 자손을 퍼뜨리며 균형을 맞추고 번성과 쇠락을 반복하고 있습니다. 토양은 안정화되어 있고, 탄소를 저장하고 있습니다. 주변 목축업자들은 소나 양을 초원에 풀어 키우며 초원이 제공하는 서비스를 이용하고 있습니다. 이

곳을 숲으로 만든다면 초원 생태계는 파괴되고, 많은 종의 동식물이 그 지역에서 사라질 것입니다.

또 어떤 나무를 심어야 할까요? 이왕 심는다면 경제성 있는 과실수나 기름을 짤 수 있는 나무가 어떨까요? 단일한 종류의 나무로 이뤄진 숲은 숲이라기보다는 거대한 케이지 수천 개를 가지고 있는 공장식 축사가 됩니다. 위도와 지리적 환경에 맞는 토착종 나무를 다양하게 심어야 숲이 건강해집니다. 건강한 숲이 나무와 토양에 많은 양의 탄소를 오랫동안 저장할 수 있습니다.

습지는 축축하게 젖어 있거나 물이 고인 큰 웅덩이를 끼고 있는 지역입니다. 온대 지역 습지에는 원래 나무가 잘 자라지 않습니다. 이곳을 숲으로 만들려면 물을 빼내야 하는데, 그러면 습지(이탄 습지)에 오랫동안 저장되어 있던 탄소가 배출되어 버립니다. 열대 습지에는 자연적인 숲이 형성되어 있습니다. 열대 습지를 복원하기 위해서는 수분을 충분히 보충하고 나무를 심어 나무가 햇빛을 가리는 가리개 역할을 해야 합니다.

건조한 지역에 나무를 심어 숲을 만드는 것은 어떨까요? 나무는 물이 부족한 지역의 물을 사용해야 합니다. 따라서 하천의 흐름과 지하수가 줄어들 수 있습니다. 건조한 지역은 산불이 자주 일어납니다. 나무가 많아지면 그만큼 산불의 강도가 세질 것입니다.

도시에 나무를 심는 것은 권장할 일입니다. 도시는 기후변화에 취약한 지역입니다. 도시 환경으로 인해 주변보다 온도가 쉽게 높아지고 잘 식지도 않습니다. 도시에 나무를 심으면 그 지역의 열을 줄이고 그늘을 제공해 야외 활동에 도움을 줄 수 있습니다. 더운 날 에어컨 수요를 줄여 에너지를 절약할 수 있습니다.

나무를 심는 것으로 기후변화에 충분히 태클을 걸 수 있습니다. 하지만 나무가 어딘가에서 자랄 수 있다고 해서 나무가 자라야 하는 것은 아니라는 점을 기억해야 합니다. '어디에, 어떤 나무'를 잊지 마세요. 기후변화에 태클을 걸기 위해서는 나무 심기를 걱정하기보다 지금 있는 숲을 보전하는 것이 더 중요합니다.

자연을 잘 보호하고 관리하면 기후변화로 인한 피해를 줄일 수 있나요?

제2실무그룹 FAQ 2.5

숲과 습지 같은 자연환경을 보호하고 복원하면 기후변화로 인한 위험을 줄일 수 있고, 생물 다양성을 지키고, 탄소를 저장하며, 인간의 건강과 괜찮은 삶에 좋은 영향을 줄 수 있습니다. 기후변화로 인한 홍수, 가뭄, 산불, 폭염 증가와 해수면 상승

등은 사람들을 점점 더 위험으로 밀어 넣고 있습니다. 하지만 이러한 위험은 육지, 바다, 강이 어떻게 관리되는지에 따라 감소하거나 악화할 수 있습니다.

자연기반해법(NbS)이 기후변화가 사람들에게 미치는 위험을 줄일 수 있다는 확실한 증거가 있습니다. 생태계기반적응(EbA)은 자연기반해법의 일부입니다. 생태계기반적응에는 아래와 같은 것이 있습니다.

자연은 홍수를 관리합니다. 기온이 올라가면 대기가 포함할 수 있는 수증기가 늘어납니다. 이로 인해 어떤 곳에서는 장마(몬순) 같은 계절적 강우의 패턴(형태)이 바뀌면서 폭우가 많아지고 홍수가 발생합니다. 숲이 사라진 곳, 습지에서 물을 빼버린 곳, 개천이나 강의 흐름을 직선으로 바꾼 곳에서는 홍수 위험이 더 커집니다. 물이 더 빠르게 흐르기 때문입니다. 숲을 다시 만들고, 이전에 습지였던 곳을 복원하고, 물이 원래 흐름대로 구불구불 흐르게 하고, 강을 주변 범람원과 다시 연결해 물이 이동하고 머물고 스며드는 흐름을 자연 상태로 복원하면 위험을 줄일 수 있습니다.

나무나 식물이 자라는 곳에서는 물이 천천히 흐르며 대부분 땅으로 스며듭니다. 땅으로 스며든 물이 계곡이나 강가에 도착해 흐를 때 길이 구불구불하면 그만큼 이동 거리가 길어지고, 식물과 쓰러진 나무가 있으면 흐름이 느려져 천천히 이동합니다. 습지, 연못, 호수도 물을 가두고 천천히 강으로 흘려 보냅니다.

자연은 파도를 막아 줍니다. 기후변화로 인한 해수면 상승으로 해안은 빠른 속도로 침식되고, 폭풍과 해일이 해안 홍수를 일으킬 가능성이 높아집니다. 바닷가 염습지와 맹그로브 습지 같은 짠물에서 자라는 해안 식물은 침식을 더디게 하고, 파도의 힘을 줄입니다.

자연 해안에서는 침식으로 해안선이 점점 내륙으로 이동하고, 해수면 상승에 따라 해안 식물도 점차 내륙으로 이동합니다. 자연 해안이 해수면 상승에 유연하게 대응하는 것입니다. 버티고 버티다 한꺼번에 무너져 내리고 마는 방파제와 댐과는 대응이 다릅니다.

그런데 자연 해안을 개발할 때 뒤쪽에 방파제가 있다면 해안이 침식되어도 식물은 이동하지 못하고 사라집니다. 식물이 방파제로 인해 바다와 방파제 사이에 끼어 버리기 때문입니다. 자연 해안을 복원하고 단단한 방파제를 없애면 홍수 위험을 줄이는 데 도움이 됩니다.

자연은 천연 에어컨입니다. 기후변화로 인해 전 세계적으로 기온이 상승하며 건강을 위협하고, 생활을 어렵게 하고, 농업에 영향을 미치는 폭염이 발생할 수 있습니다. 도시는 열을 가둬 두는 구조와 재질 때문에 시골보다 기온이 높아 건강에 더 문제가 될 수 있습니다.

나무는 그늘을 제공합니다. 농촌과 도시 사람들은 오래전부터 나무 그늘을 이용해 왔습니다. 그늘에서 자라는 커피를 재배하고, 그늘에서 가축을 키웠습니다. 그늘은 개울과 강의 수온을 낮춰 어업에 도움을 줬습니다. 나무는 기공을 통해 물을 증발시키며 주변 기온을 떨어뜨립니다. 도시에 있는 공원이나 정원 같은 자연 지역은 기온을 최대 몇 도까지 낮춥니다. 나무를 심는 것은 가성비 있는 자연기반해법입니다.

자연은 대형 산불을 예방합니다. 초원과 일부 온대 및 한대 숲은 화재에 적응했습니다. 적당한 크기와 횟수의 산불은 자연스러운 현상으로 숲과 초원을 더 건강하고 번성하게 합니다. 자연 산불이 사람에 의해 진압되거나 토종이 아닌 나무 종을 심은 경우 산불 연료가 되는 부산물이 계속 쌓여 더 큰 화재가 발생할 위험이 있습니다.

기후변화로 기온이 높아지고 일부 지역에서는 강우 패턴 변화로 건조해지면서 산불 크기가 커지고 빈도도 잦아지고 있습니다. 원래 그 지역에서 자라던 토종 나무를 복원하면 기후변화로 인한 산불 위험을 줄일 수 있습니다.

맹그로브, 숲, 습지를 보호하고 복원하는 자연기반해법은 온실가스 배출을 줄이고 대기에 쌓여 있는 이산화탄소를 없애는 데 중요한 역할을 합니다. 사람들에게도 먹거리 및 휴식과 쉼의 기회를 제공하는 등 여러 방법으로 도움을 줄 수 있습니다.

기후변화로 꿀벌이 사라지고 있다는 내용의 기사를 본 적이 있을 거예요. 꽃가루 수분에 결정적인 역할을 하는 꿀벌이 사라지면 우리 식량은 어떻게 될까요? 왜 쾌적하고 안락한 도시 생활을 떠나 굳이 불편한 텐트에서 생활하고, 무더위에도 땀을 뻘뻘 흘리며 산을 오르는 것일까요? 우리는 숲이 사라지면 어디에 가서 마음의 위로와 생활의 활력을 얻을 수 있을까요?

자연은 단지 탄소 흡수 역할을 하는 것을 넘어 인간의 삶과 깊이 연결되어 있습니다. 질문이 생깁니다. 자연이 중요한 이유는 인간 생활과 생존에 필수적이기 때문일까요?

인간과 자연의 관계
회복을 위해

⟨IPCC 제6차 평가 보고서⟩의 많은 부분에서 자연기반해법의 효과성에 대해 이야기하고 있어요. 하지만 이것이 전 지구적 해법이 될 수 있다는 오해를 불러와 논쟁의 대상이라며, ⟨정책 결정자를 위한 요약본⟩에서는 아예 자연기반해법이라는 개념을 빼 버렸어요. 잘못 설계된 자연기반해법 계획은 기후변화를 막는다는 목적에 가려 토착민, 지역 사회 등에 피해를 입힐 수 있다는 것입니다. 의도하지 않았더라도 말이죠.

질문이 생겨요. 자연기반해법에서 인간은 어느 위치에 있을까요? 자연 속에? 자연 밖에? 또 질문이 생깁니다. 경제 수준 상위 1% 사람들이 경제 수준이 낮은 50% 사람들 전체가 배출하는 이산화탄소보다 2배나 많은 양의 탄소를 배출하는 것은 공정한가요? 기후 문제를 깊이 들여다보면 볼수록 문제는 이산화탄소가 아니라 '관계'라는 것을 깨닫습니다.

인간과 인간의 관계가 문제였어요. 기후위기에 책임이 없는 국가에서 태풍과 폭우로 댐이 붕괴되고, 폭염을 피할 만한 변변한 시설조차 마련하지 못하며 피해를 눈덩이처럼 키우는 현실. 그 출발을 살펴보면 수많은 식민지 자원 약탈로 한 국가의 건강한 발전 기회를 빼앗은 시기가 있었어요.

인간과 자연의 관계가 문제였어요. 왜 인간이 가는 곳마다 수많은 멸종이 일어날까요? 왜 인간은 인간의 말을 하지 못하는 동식물, 땅, 강, 바다를 마음대로 사용해도 된다고 생각한 것일까요? 왜 우리는 아직도 자연을 보호 대상으로만 여길까요? 자연에 비해 너무나 약한 존재인 인간이 자연에 기대고 의지해야 하지 않을까요? 우리가 기대야 할 대상은 마땅히 존중받아야 합니다.

인류는 2050년까지 탄소중립을 이루기 위해 화석연료 사용을 중단하고, 재생 에너지 사용을 비롯한 사회 시스템과 소비자 행동 변화를 일으켜야 합니다. 공평하고 정의로운 세상을 만들기 위해 빠르고 규모 있는 변화를 일으켜야 합니다.

이와 함께 인간과 인간의 관계 회복, 인간과 자연의 관계 회복이라는 근본적인 문제도 해결해야 합니다. 물론 관계 회복에는 많은 시간이 걸릴 거예요. 인간과 인간의 관계 회복도 그렇지만 자연을 존중해야 할 대상으로 인식하고, 자연이 존재하던 처음부터 가지고 있는 권리를 존중하는 관계 회복에는 수 세기가 걸릴 수도 있죠. 하지만 오늘의 기후위기 같은 어리석은 성적표를 다시 받지 않으려면 지금부터 제대로 된 길을 가야 합니다.

온난화를 1.5도로 제한하기 위해 우리가 할 수 있는 것은 무엇인가요?

제3실무그룹 FAQ 5.1

시민 여러분은 기후변화에 대해 공부하세요. 커뮤니티를 조직하고, 정치적 압력을 행사하세요. 다른 사람에게 모범을 보이세요.

전문가(엔지니어, 도시 계획가, 교사, 연구원)이신가요? 탈탄소화에 맞춰 사회 표준을 새롭게 바꾸세요. 도시 계획가와 건축가는 아이들이 안전하게 걷고 자전거를 탈 수 있도록 도시를 바꾸세요.

돈이 많은가요? 화석연료에서 벗어나 탄소중립 기술에 투자하세요.

소비자(특히 상위 10%에 속하는 소비자)는 비행기, 요트, 나 홀로 자동차 운행을 멈추거나 줄이세요.

지속가능한 소비, 좋은 삶을 고민하고 실천하세요. 역사, 시, 예술, 종교, 철학을 공부하세요. 지역의 관심과 문화를 충족하는 괜찮은 삶을 디자인하고 참여하세요.

정치인이세요? 탄소 배당금, 탄소세 등 경제적 인센티브, 친환경 방법을 기본값으로 설정하도록 각종 경제적·정치적 제도를 마련하세요. 값싼 휘발유(유류 보조금)는 이제 그만. 탄소 집약적 제품에 대해 세금을 인상하고, 사회적 변화를 지원하기 위한 규정 및 표준을 대폭 강화하세요.●

기후위기는 두렵고 해결하기가 만만치 않죠? 하지만 보고서는 해결할 수 있는 기술과 방법을 1만여 페이지에 걸쳐서 이야기하고 있어요.

인간 세상은 기후변화를 알아채기 전에도 여러 문제점을 가지고 있었고, 그중 많은 부분이 오늘날 기후변화의 원인이 되었죠. 그러니 세상을 바꾸는 것이 기후위기를 해결하는 지름길이랍니다. 세상을 바꿔야 한다니, 더 어려워지나요? 하지만 지금처럼 많은 사람이 같은 것을 걱정하고, 같은 해결 방법에 동의하고, 함께 모여서 논의한 적은 없었어요. 그래서 지금이 세상을 바꿀 수 있는 가장 적절한 시점인 거예요.

우리는 현재 기후위기라는 터널을 지나는 중입니다. 어떤 존재도 이 터널을 벗어날 수 없지만, 가능한 한 모두 안전하게 터널을 통과하는 방법들이 보고서에 있죠. 그것은 바로 지구에 거주하는 모든 인간과 인간이, 인간과 인간이 아닌 모든 존재가 서로를 존중하고 돌보는 것이랍니다.

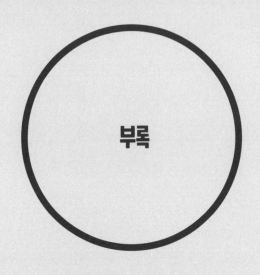

부록

〈IPCC 제6차 평가 보고서〉
제1·2·3실무그룹의
자주 묻는 질문 목록

1장 구성과 맥락 및 방법

FAQ 1.1 지금은 IPCC가 처음 시작되었을 때보다 기후변화에 대해 더 잘 이해하나요?

FAQ 1.2 기후변화는 어디에서 가장 뚜렷하게 나타나고 있나요?

FAQ 1.3 과거 기후를 통해 미래에 대해 무엇을 배울 수 있나요?

2장 기후 시스템이 변화하고 있는 상태

FAQ 2.1 지구 온도는 과거에도 계속 변화했는데, 지금의 온난화는 과거와 어떻게 다른가요?

FAQ 2.2 기후가 변화했다는 증거는 무엇인가요?

3장 기후 시스템에 대한 인간의 영향

FAQ 3.1 인간이 기후변화에 책임이 있다는 것을 어떻게 알 수 있나요?

FAQ 3.2 자연 변동성은 무엇인가요? 인간에 의한 기후변화에 어떤 영향을 주고 있나요?

FAQ 3.3 미래 기후를 예측하는 기후 모델은 개선되고 있나요?

4장 미래 기후: 시나리오 기반 예측 및 단기 정보

FAQ 4.1 기후변화는 앞으로 20년 동안 어떻게 변화할까요?

FAQ 4.2 이산화탄소 배출량이 줄어들면 그 효과가 나타나기까지 얼마나 걸릴까요?

FAQ 4.3 지구온난화 정도에 따라 기후변화가 영향을 미치면 지구 위도와 지역에 따라 기후는 어떻게 달라질까요?

5장 전 지구적 탄소 순환과 기타 생지 화학적 순환 및 피드백

FAQ 5.1 자연의 탄소 흡수 능력이 점점 약해지고 있나요?

FAQ 5.2 영구동토가 녹으면 지구온난화가 더 빨라지나요?

FAQ 5.3 과학기술을 이용해 대기 중 이산화탄소를 강제로 없애면 기후변화를 뒤집을 수 있나요?

FAQ 5.4 탄소예산이 무엇인가요?

〈제2실무그룹 기후변화 2022: 영향, 적응, 취약성〉

있나요?

무엇인가요?

15장 군소 도서

FAQ 15.1 기후변화가 어떻게 군소 도서 지역의 자연과 인간 생활에 영향을 주고 있나요? 또 머지않은 미래에는 기후변화 결과로 군소 도서 지역에 사람이 살 수 없을까요?

FAQ 15.2 일부 군소 도서 국가의 공동체는 기후변화에 어떻게 적응해 왔나요?

FAQ 15.3 기후변화가 군소 도서의 식량 안보에 기여하는 농업과 수산업에 어떤 영향을 줄까요?

16장 지역과 부문 전반의 주요 위험

FAQ 16.1 기후변화와 관련 있는 주요 위험은 무엇인가요?

FAQ 16.2 적응은 어떻게 주요 위험 관리에 도움이 되나요? 또 적응의 한계는 무엇인가요?

FAQ 16.3 과학자들은 기후변화로 인한 영향과 다른 이유로 발생한 자연·인간 시스템 변화를 어떻게 구분하나요?

FAQ 16.4 적응과 관련해 이미 관측하고 있는 대응은 무엇인가요? 그 적응 조치는 기후 위험을 줄이는 데 도움이 되나요?

FAQ 16.5 기후 위험은 온도에 따라 어떻게 달라지나요?

FAQ 16.6 직면한 기후변화 위험에서 극단적인 기상현상은 어떤 역할을 하나요?

17장 위험 관리를 위한 의사 결정 조건

FAQ 17.1 의사 결정권자가 기후 위험을 인식하고 최선의 행동을 결정하는 데 사용할 수 있는 지침, 도구, 자원은 어떤 것이 있나요?

FAQ 17.2 기후 회복력 및 적응을 지원하기 위해 이용 가능한 자금 조달 방법은 무엇인가요?

FAQ 17.3 온난화하는 세계에서 점진적 적응에서 변혁적 적응까지 모든 범위의 적응 계획을 세우는 것은 왜 중요한가요?

FAQ 17.4 현재의 적응 정도와 해결되지 않고 여전히 남아 있는 위험을 고려할 때 전 세계적으로 이같이 남아 있는 위험 부담을 누가 지고 있나요?

FAQ 17.5 적응 조치가 성공적인지 어떻게 알 수 있나요?

18장 기후 탄력적 발전 경로

교차 챕터 보고서 1: 생물 다양성 핫 스폿

교차 챕터 보고서 2: 해안가 도시와 거주지

교차 챕터 보고서 3: 사막, 반건조 지역 및 사막화

교차 챕터 보고서 4: 지중해 지역

FAQ CCP 4.1 지중해 분지는 기후변화의 핫 스폿인가요?

FAQ CCP 4.2 지중해 국가들은 해수면 상승에 적응할 수 있을까요?

FAQ CCP 4.3 기후변화와 지중해 분지 지역으로의 난민 이동은 어떤 관계가
있나요?

교차 챕터 보고서 5: 산

FAQ CCP 5.1 산악 지역에서 흘러나오는 담수는 기후변화에 어떤 영향을 받았나요?
그 결과로 사람과 생태계는 어떤 영향을 입었나요?

FAQ CCP 5.2 산악 지역과 하류 지역 주민들은 기후변화로 물 관련 재해에 심각한
위험에 처해 있나요? 또 그들은 어떻게 대처하고 있나요?

FAQ CCP 5.3 기후변화가 산지의 생물종과 생태계에 위험한 영향을 주고 있나요?
이것이 사람에게 영향을 미칠까요?

FAQ CCP 5.4 온도 상승 정도에 따라 산악 지역의 기후변화에 어떤 적응 조치가
가능한가요? 그 적응 조치의 한계는 무엇인가요?

FAQ CCP 5.5 지속가능한 산악 지역 개발을 위해 지역 간 협력과 국경을 뛰어넘는
거버넌스가 필요한 이유는 무엇인가요?

교차 챕터 보고서 6: 극 지역

FAQ CCP 6.1 극지방 생태계와 인간 시스템의 변화는 전 세계 모든 사람에게 어떤
영향을 미치나요? 극지 어업의 변화가 전 세계 식량 안보와 영양에 어떤
영향을 미칠까요?

FAQ CCP 6.2 극지방 해빙 감소가 해운 물동량 증가를 일으키고 있나요?

FAQ CCP 6.3 과거 북극 공동체는 환경 변화에 어떻게 적응했으며, 이러한 경험이
현재와 미래에 대응하는 데 도움이 되나요?

FAQ CCP 6.4 극지방의 기후변화 영향이 우리의 적응 능력을 넘어서는 때는
언제일까요?

교차 챕터 보고서 7: 열대 우림

FAQ CCP 7.1 기후변화는 열대 우림에 어떻게 영향을 주나요? 우리가 무엇을 해야
영향을 막고 회복 탄력성을 높일 수 있나요?

〈제3실무그룹 기후변화 2022: 기후변화 완화〉

10장 운송

FAQ 10.1 운송 수단을 전기차로 바꾸는 것이 중요한가요? 배터리를 만드는 광물을 공급하는 데 문제는 없나요?

FAQ 10.2 대형 운송 수단(장거리를 이동하는 트럭, 선박, 항공기)의 탄소배출을 줄이는 것은 어려운가요?

FAQ 10.3 나, 정부, 지역 사회가 운송 에너지 소비를 줄이기 위해 할 수 있는 일은 무엇인가요?

11장 산업

FAQ 11.1 산업 부문의 탄소배출을 줄일 수 있는 중요한 방법에는 어떤 것들이 있나요?

FAQ 11.2 산업 부문에서 탄소배출을 줄이려면 비용이 많이 들지 않나요? 지속가능한 발전이 가능할까요?

FAQ 11.3 저탄소 산업으로 전환하기 위해서는 무엇이 필요한가요?

12장 각 부문 간 관점

FAQ 12.1 대기에서 직접 이산화탄소를 제거하는 기술을 사용하면 기후변화 완화에 도움이 되나요?

FAQ 12.2 온실가스 배출을 줄일 수 있는 잠재력만 살펴보는 것이 아니라, 체계적인 관점에서 완화 조치를 평가하는 것이 왜 중요한가요?

FAQ 12.3 식품 시스템에서 온실가스 배출 및 완화를 평가하기 위해 식품 시스템 접근 방식이 필요한 이유는 무엇인가요?

13장 국가 정책과 하위 국가 정책 및 기관

FAQ 13.1 기후 완화에서 국가는 어떤 역할을 하며, 어떻게 해야 효과적일까요?

FAQ 13.2 기후변화에 대처하기 위해 적용할 수 있는 정책과 전략에는 어떤 것이 있나요?

FAQ 13.3 국가 하위 단위에서 기후 완화에 기여할 수 있는 기후 행동에는 어떤 것이 있나요?

14장 국제 협력

FAQ 14.1 국제적 협력이 잘 이뤄지고 있나요?

FAQ 14.2 파리협정에 따른 미래 국제 협력의 역할은 무엇인가요?

FAQ 14.3 산업화 이전 대비 기온 상승을 2도 이하로 유지하고 1.5도를 향한 노력을 추구하는 등 국가가 파리협정 목표 달성을 위해 국제적 협력에서 메워야 할 부족한 부분은 무엇인가요?

15장 투자 및 금융

FAQ 15.1 지속가능한 미래를 향한 변화를 위해 금융 부문과 기후 금융의 역할은 무엇인가요?

FAQ 15.2 글로벌 기후 재정의 현재 상태는 어떤가요? 파리협정에 따른 글로벌 금융 흐름은 어떤 조정이 필요한가요?

FAQ 15.3 자금 조달 격차는 어떻게 정의하나요? 또 결정적으로 확인한 격차는 무엇인가요?

16장 혁신, 기술 개발 및 이전

FAQ 16.1 혁신과 기술 변화는 파리협정 목표를 달성하기에 충분한가요?

FAQ 16.2 기후변화를 위한 혁신과 저배출 및 기후 회복력 기술의 광범위한 확산을 촉진하기 위해 무엇이 필요한가요?

FAQ 16.3 기후변화 대응에 있어 국제 기술 협력의 역할은 무엇인가요?

17장 지속가능한 발전에서 전환의 가속화

FAQ 17.1 탈탄소화 노력이 지속가능한 발전 전환을 늦추거나 가속화할까요?

FAQ 17.2 정의와 포용성을 고려하는 것은 지속가능한 발전을 향한 전환에서 어떤 역할을 하나요?

FAQ 17.3 전환을 가속화하는 데 기관의 역할이 얼마나 중요한가요? 또 거버넌스는 무엇을 가능하게 하나요?